세상에서 가장 재미있는
32가지 생물학 이야기

출판은 사람과 나무 사이에서 이루어지는 가치 있는 일입니다.
도서출판 사람과나무사이는 의미 있고 울림 있는 책으로 독자의 삶을
좀 더 풍요롭게 만들기 위해 최선을 다하겠습니다.

IKIMONOGA OTONANI NARUMADE~ 'SEICHO'WO MEGURU SEIBUTSUGAKU
by Hidehiro INAGAKI

세상에서 가장 재미있는

32가지 생물학 이야기

이나가키 히데히로 지음 · 서수지 옮김

사람과
나무사이

세상에서 가장 재미있는
32가지 생물학 이야기

1판 1쇄 발행 2024년 2월 29일
1판 3쇄 발행 2024년 6월 10일

지은이 이나가키 히데히로
옮긴이 서수지
펴낸이 이재두
펴낸곳 사람과나무사이
등록번호 2014년 9월 23일(제2014-000177호)
주소 경기도 파주시 회동길 508(문발동), 스크린 405호
전화 (031)815-7176 팩스 (031)601-6181
이메일 saram_namu@naver.com
디자인 박대성

ISBN 979-11-88635-91-7 03400

각각의 생물에는 나름의 이유가 있다.

각각의 생물에는 배울 점이 있다.

알고 나면 인간이 보이기 시작한다.

차례

①장

황제펭귄은 왜 다 자란 새끼가 어른보다 몸집이 클까?

②장

우두머리 수컷 고릴라는 왜 육아휴직을 내고 새끼들을 돌볼까?

③장

키 큰 기린과 덩치 큰 코끼리 중 어느 동물이 더 클까?

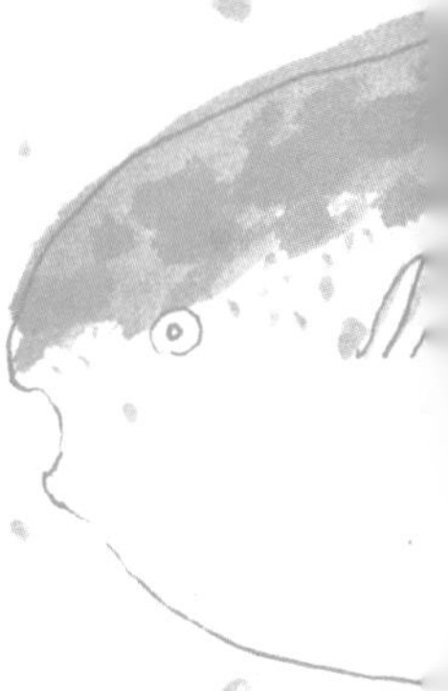

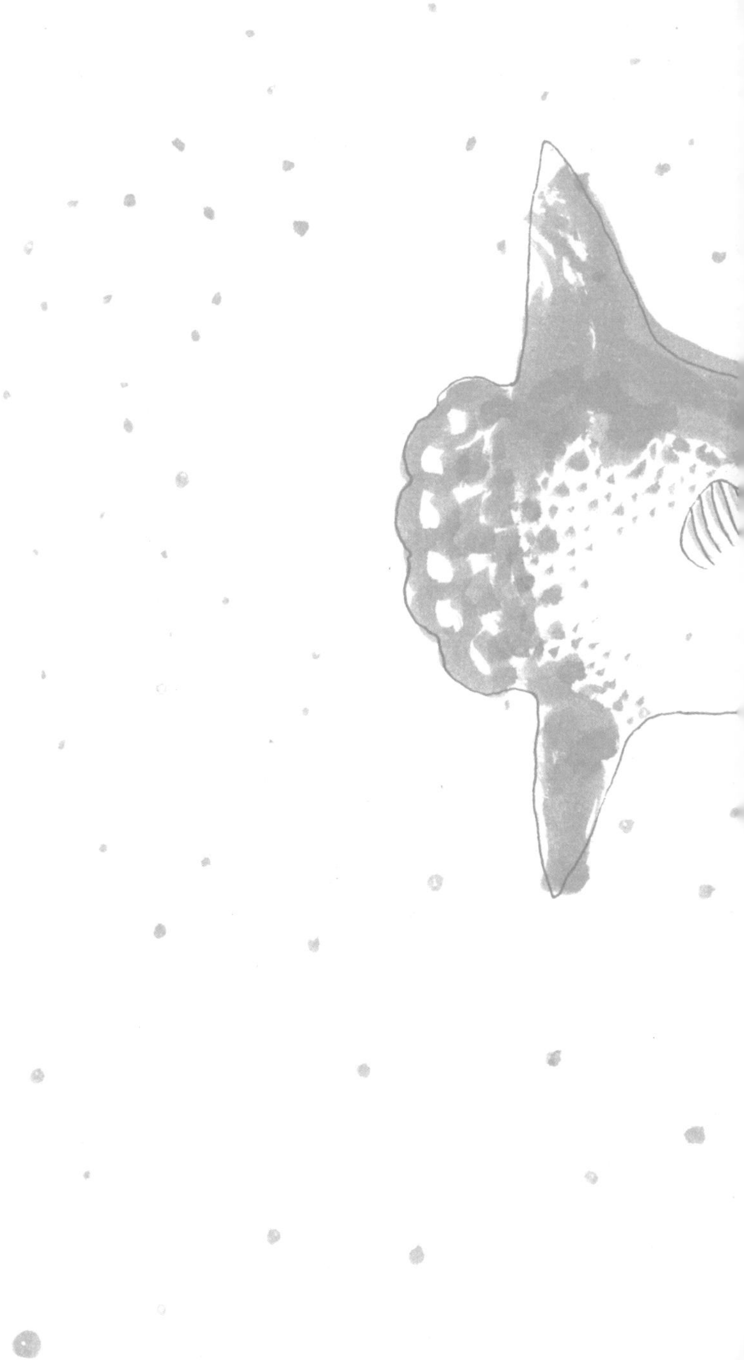

애벌레 시절은 왜 필요할까?

물고기가 알을 잔뜩 낳는 이유는?

발에 밟힌 잡초는 어떻게 자랄까?

새끼에게 이빨을 들이대는 여우가 잔혹한 것일까?

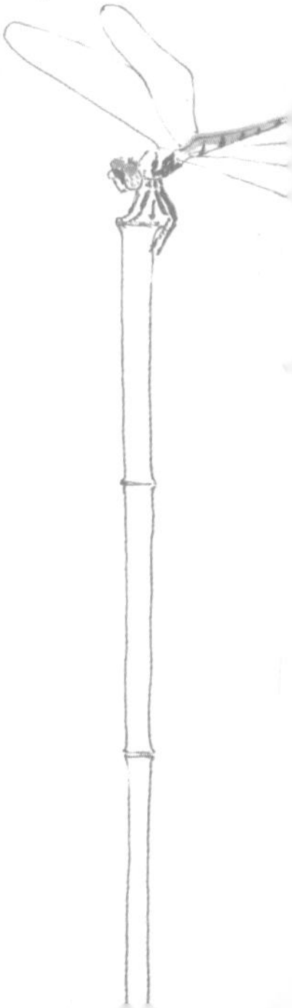

잠자리는 왜 파란 천막에 알을 낳을까?

생물에 얽힌 다양한 불가사의

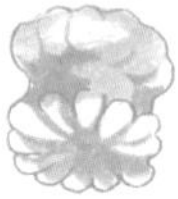

알에서 태어나는 생물, 새끼를 낳는 생물

새끼를 돌보는 생물, 돌보지 않는 생물

몸집을 키우는 생물, 질을 중시하는 생물

본능에 의존하는 생물, 지능을 선택한 생물

어린 시절이 긴 생물, 어린 시절이 짧은 생물

생물이 어른이 되는 다양한 방법

각각의 생물에는 나름의 이유가 있다.

각각의 생물에는 배울 점이 있다.

알고 나면 인간이 보이기 시작한다.

① 장

황제펭귄은 왜 다 자란 새끼가 어른보다 몸집이 클까?

1.
황제펭귄은 왜 다 자란 새끼가 어른보다 몸집이 클까?

어른이 되는 건 무언가를 획득한다는 의미만이 아니다.

어른과 아이의 차이는?

어른과 아이의 차이는 뭘까? 놀이공원 매표소 등에서 어른을 대인(大人), 아이를 소인(小人)이라고 표기하던 시절이 있었다. 어른은 키가 크고 아이는 키가 작다는 특징에서 비롯된 표현일 것이다.

그런데 어른은 대인이고 아이는 소인이라는, 즉 어른은 크고 아이는 작다는 이 말이 옳을까? 단순히 몸집 차이라면 어른은 '큰 아이'이고 아이는 '작은 어른'이 되는 셈이다. 아이가 성장하면 몸집이 커지는 것은 확실하다. 성장이란 몸집이 커가는 과정이므로 아이는 몸집이 작고 어른은 몸집이 크다.

하지만 단언하기는 이르다. 아이는 작고 어른은 크다는 말이 사실일까? 어른과 아이는 정말 몸집 크기만 차이 날까?

황제펭귄은 다 자란 새끼가 어른 펭귄보다 몸집이 크다.

황제펭귄 새끼가 어른 펭귄보다 몸집이 클 수밖에 없는 생물학적 이유

자녀가 부모보다 몸집이 큰 경우는 얼마든지 있다. 우리 집이 그렇다. 아들은 중학교 때 이미 어른인 내 키를 뛰어넘었다.

생물의 세계도 마찬가지다. 그림에서 두 마리 펭귄 중 어느 쪽이 새끼일까? 복슬복슬한 털 뭉치처럼 보이는 쪽이 부모이고 날씬한 쪽이 새끼라고 생각한다면 아쉽게도 정답이 아니다. 몸집이 더 큰 쪽이 새끼 펭귄이다. 그러고 보니 날씬한 쪽이 우리가 아는 펭귄처럼 보인다. 복슬복슬한 털을 가진 쪽은 몸집은 커도 어딘지 모르게 앳된 티가 난다.

황제펭귄은 다 자란 새끼가 어른 펭귄보다 크다. 어떻게 그런 일이 가능할까? 남극과 같은 지역에서 서식하는 생물은 혹독한 겨울을 견뎌내야 한다. 새끼 펭귄도 마찬가지다. 새끼 펭귄은 굶주림을 견디기 위해 몸에 지방을 축적한다. 물론 부모 펭귄도 추위를 이겨내기 위해 지방을 저장하지만, 성장 과정에 있는 새끼는 훨씬 많은 영양분과 지방이 필요하다. 그래서 어른 펭귄보다 새끼 펭귄의 몸집이 큰 것이다.

참으로 신비한 자연의 이치다. 아이와 어른의 차이는 단지 몸집 크기만이 아닌 모양이다. 몸집이 커져도 성숙하지 않은 새끼 펭귄은 어른이 될 수 없다.

성체가 되면 오히려 몸집이 작아지는 패러독스 개구리

패러독스 개구리의 올챙이는 25센티미터가량 되는 우람한 몸집을 자랑한다. 그런데 어른 개구리는 6센티미터로 올챙이보다 작다. 놀랍게도 성체가 되면 몸집이 4분의 1 정도로 줄어든다. 몸집이 커지며 성장한 새끼가 성체가 되면 오히려 몸집이 작아지는 신기한 개구리다. 이름처럼 '패러독스'다.

패러독스 개구리는 왜 올챙이가 성체보다 몸집이 클까? 그리고 성체가 되면 왜 몸집이 작아질까? 안타깝게도 그 이유는 밝혀지지 않았다.

패러독스 개구리는 염분 농도가 높은 바다 근처에서 서식하는데, 올챙이일 때는 염도가 높은 물에 대항하기 위해 몸집이 커지는 거라고 추정하는 가설이 있다. 하지만 아직 확실히 규명되지는 않았다. 어쨌든 패러독스 개구리의 올챙이가 성체보다 몸집이 큰 데는 나름대로 합리적인 이유가 있을 것이다.

이처럼 어른이 되는 건 단순히 몸집이 커지는 것만이 아닌 모양이다.

생물이 어른이 된다는 것은 뭔가를 얻는 동시에 잃는 것

패러독스 개구리만큼은 아니더라도, 개구리는 일반적으로 올챙이 시절에 몸집이 더 크다는 이미지가 있다. 올챙이는 동글동글하고 오동통한데 개구리는 날렵한 인상을 준다. 개구리는 앞다리와 뒷다리가 길쭉해 실제보다 날렵해 보이기 때문일 수도 있다.

올챙이가 개구리가 된다는 것은 앞다리와 뒷다리가 생긴다는 뜻이기도 하다. 반면 잃어버리는 것도 있다. 바로 꼬리다. 올챙이는 개구리가 될 때 뒷다리가 먼저 자라고 그다음에 앞다리가 자라며, 물속에서 헤엄칠 때 필요했던 꼬리가 마지막 순간 사라진다.

어른이 된다는 것은 무언가를 얻는 것만이 아니다. 올챙이 꼬리처럼 잃어버리는 것도 있다.

2.
쇠무릎이
천적 애벌레의 '성장'을 돕는
영리하고도 섬뜩한 속내는?

쇠무릎은 박각시나방의 성장을 촉진하려 애쓴다.

애벌레의 존재 가치는?

곤충은 어릴 때와 자랐을 때의 모습이 완전히 다르다. 예를 들어, 아름다운 나비도 애벌레 시절에는 징그러운 구더기 모양이다. 잠자리는 애벌레일 때 물속에서 '수채'로 살아가고, 매미도 애벌레일 때는 흙 속에서 산다.

성충(成蟲)이 된 어른벌레는 날개가 있는 것이 특징이다. 어른벌레는 날개를 이용해 날아다니며 서식 지역을 넓힌다. 반면 애벌레는 날개가 없어 꿈틀꿈틀 기어서 배밀이하듯 이동해 빨리 도망칠 수도 없다.

그렇다면 애벌레는 무슨 역할을 할까?

곤충은 어른벌레가 되기 위해서만 존재한다. 그렇다면 애벌레는 존재 가치가 있을까? 처음부터 아예 어른벌레로 태어나는 게 낫지 않을까?

애벌레일 때 먹는 먹이의 양이 장수풍뎅이의 몸집을 결정한다고?

아이들에게 인기 많은 장수풍뎅이도 애벌레 시절에는 구더기나 굼벵이와 같은 모습이다. 다 자란 장수풍뎅이는 몸집이 클수록 인기가 많다.

그런데 가끔 몸집이 아담한 장수풍뎅이도 있다. 이 작은 장수풍뎅이는 아무리 좋은 먹이를 구해다 주고 지극정성으로 돌봐도 몸집이 커지지 않는다. 어른벌레가 되고 나면 더는 자라지 않는 것이다.

그렇다면 왜 어떤 장수풍뎅이는 몸집이 크고 어떤 장수풍뎅이는 몸집이 작을까?

장수풍뎅이의 몸집 크기는 애벌레일 때 얼마나 많은 먹이를 먹느냐에 달려 있다. 따라서 부지런히 잔뜩 먹이는 게 관건이다.

먹이를 듬뿍 먹은 애벌레는 쑥쑥 자라 커다란 장수풍뎅이가 된다. 애벌레 시절을 왕성하게 보내야 듬직한 어른벌레로 성장할 수 있다.

애벌레는 어른벌레가 되기 위한 존재다. 멋진 어른벌레가 되려면 멋진 애벌레 시절이 필요하다.

그렇다면 인간은 어떨까?

쇠무릎의 달콤하고도 치명적인 속삭임, “빨리 어른이 되렴!”

애벌레는 식물 잎을 오물오물 갉아 먹고 산다. 그러나 식물도 애벌레에게 먹히지 않으려고 다양한 생존 전략을 펼친다. 잎에 독 성분을 품고 있는 식물도 있다. 하지만 독도 소용없을 때가 있다. 해독 작용을 발달시키는 만만치 않은 애벌레들이 있기 때문이다. 이런 녀석들은 식물이 독성 물질을 발산해 자신을 지키려 해도 태연하게 잎을 갉아 먹는다.

그렇다면 식물은 어떻게 방어해야 할까? 애벌레에게 먹히지 않기 위해 비장의 방법을 구사하는 식물도 있다.

쇠무릎은 애벌레에게 저항하는 방법을 개발해 자신을 지킨다. 놀랍게도 쇠무릎 잎에는 애벌레의 성장을 촉진하는 성분이 들어 있는데, 애벌레가 이 잎을 먹으면 탈피를 반복한다. 탈피 과정에서는 먹이를 먹지 않기 때문에 잎을 많이 축내지 않고 어른벌레가 되어 날아간다.

독이라면 애벌레도 필사적으로 대항책을 마련하는 방향으로 진화하겠지만, 그저 조금 빨리 어른벌레가 되는 것이라서 딱히 불만이 없다. 이런 방법으로 쇠무릎은 성가신 애벌레를 몰아낸다.

빨리 성충이 되는 개체가 이득을 본다는 느낌도 든다. 하지만 애벌레는 먹는 게 일이다. 잔뜩 먹고 부지런히 영양을 보충해야 멋진 어른벌레가 될 수 있는데, 잎을 충분히 먹지 못하고 빨리 어른이 되면 몸집이 작을 수밖에 없다. 어린 시절을 충실히 보내지 못해 비실비실한 어른벌레는 힘이 없어 알도 낳지 못한다.

"빨리 어른이 되렴."

쇠무릎은 이런 섬뜩한 작전을 고안해 유충을 퇴치한다. 하지만 다부진 어른이 되려면 어린 시절을 충실히 보내야 한다.

3.
어린 말미잘은
해파리처럼 헤엄쳐 다니는데,
어른 말미잘이 바위에 붙어
여생을 보내는 이유는?

이마가 넓다는 건 '공격하지 마세요'라는 신호다.

어른과 아이가 역할을 분담하는 생물은 서로 다르게 생겼다?

아이는 어른과 다른 존재다. 그런데 어른과 아이의 모양이 같은 생물이 있다. 예를 들어 악어는 어른과 새끼가 같은 꼴이다. 알에서 갓 깨어난 새끼 악어는 어엿한 악어 모습을 갖추고 태어나 점점 커진다. 몇 미터까지 자라는 거대한 악어도 있다. 다만 악어는 환경과 온도에 따라 성장 속도가 달라 크기만으로는 어른인지 새끼인지 알 수가 없다.

나비나 개구리처럼 성체 시절과 애벌레 시절의 모습이 완전히 다른 생물도 있고, 악어처럼 성체와 새끼가 다르지 않은 생물도 있다. 이 차이는 어디에서 비롯될까?

말미잘은 성체와 유생, 즉 어른과 새끼의 모습이 딴판이다. 플라눌라(planula)라고도 불리는 어린 말미잘은 해파리처럼 생겼는데, 바닷속을 자유자재로 헤엄쳐 다니다가 마음에 드는 바위를 발견하면 자리를 잡는다. 이렇게 터를 잡으면 이동하지 않고 붙박인 채로 우리가 아는 말미잘로 성장한다. 어린 말미잘은 이동해서 자리를 잡아야 한다는 중대한 사명이 있고, 어른 말미잘은 개체가 다음 세대로 이어지도록 알을 낳는 사명을 완수해야 한다.

개구리와 나비도 새끼와 어른의 모습이 다르다. 다만 개구리와 나비는 어른이 되면 이동한다. 올챙이와 애벌레는 이동하지 않고, 다 자라 개구리와 나비가 되면 이동하는 식으로 역할이 나뉘어 있다.

한마디로, 어른과 아이가 역할을 분담하는 생물은 어른과 아이의 모습이 다르고, 역할을 분담하지 않는 생물은 모습이 같다.

아기가 깜찍하게 귀여운 것은 '넓은 이마' 때문이다?!

그렇다면 인간은 어떨까? 인간은 어른이 되고 나서 날개가 자라지도 않고 꼬리가 없어지지도 않는다. 인간은 어른과 아이가 매우 닮은꼴이다. 그렇지만 완전히 같다고는 할 수 없다. 가령 어린아이에게서는 아기 특유의 귀여운 얼굴

유생

성체

말미잘은 성체와 유생, 즉 어른과 아이의 모습이 딴판이다.

을 볼 수 있다.

이 깜찍함의 비밀은 넓은 이마다. 아기는 눈과 코가 얼굴 아래쪽에 몰려 있고 이마가 널찍하다. 이 넓은 이마가 아기 특유의 귀여움을 자아내는 비결이다. 또 아기는 머리가 크고 팔다리는 짧아 전체적으로 동글동글하며 귀여운 느낌을 준다. 그래서 어른보다 덩치가 크더라도 누구나 아기라는 것을 알 수 있다.

악어처럼 어른인지 아기인지 구분할 수 없는 것이 아니라, 인간은 어른과 아이의 겉모습이 다른 존재다.

인간뿐 아니라 개와 고양이의 새끼도 귀엽고, 백수의 왕 사자와 울음소리만 들어도 오금이 저리는 늑대의 새끼도 귀엽고 앙증맞다.

'새끼가 귀엽다'는 것은 포유동물의 큰 특징이다.

포유동물 새끼가 귀여울 수밖에 없는 생물학적 이유

포유동물의 새끼는 모두가 귀엽게 생겼다. 아기 때는 아직 앳되고 귀여운 티가 나지만, 자랄수록 점점 귀여움이 사라진다.

인간은 어른과 아이의 모습이 다르긴 해도 개구리와 올

챙이처럼 딴판은 아니다. 굼실굼실한 나비 애벌레를 귀엽다고 느끼는 사람은 소수에 불과하고 대부분 징그럽다며 눈살을 찌푸린다.

그런데도 포유동물 새끼는 귀여워 보인다. 앙증맞은 움직임을 보면 입가에 흐뭇한 미소가 저절로 떠오른다. 물론 그러는 데는 이유가 있다. 포유동물 새끼는 '어른이 지켜줘야 하는 존재'이기 때문이다.

포유동물은 새끼를 돌보는 동물이고, 포유동물 새끼는 '돌봄을 받는' 존재다. 그래서 어른이 지켜줄 수 있도록 귀여운 모습을 짓는 것이다. 거북이 딱딱한 등딱지로 몸을 지키듯, 쐐기벌레가 독이 들어 있는 쐐기로 몸을 지키듯, 포유동물 새끼는 '귀여움'으로 무장하고 자기 몸을 지킨다.

아기의 얼굴을 보면 이마가 널찍하다. 이마가 넓으면 왜 귀여워 보일까? 이마가 넓은 생물을 귀엽다고 느끼도록 어른의 뇌에 프로그램되어 있어, 이마가 널찍한 사람은 아기가 아니더라도 귀여워 보인다. 이마가 넓어서 귀여운 게 아니라, 빨간불이 '정지' 신호이듯 넓은 이마가 '공격해서는 안 된다', '지켜줘야 한다'는 신호를 보내는 것이다.

포유동물의 경우, 어른은 아이를 지켜주고 아이는 어른에게 보호받는 존재다. 어른과 아이의 모습이 닮긴 했지만 똑같지는 않다. 역할이 다르기 때문이다.

그렇다면 아이의 역할은 무엇일까? 아이의 역할은 명확하다. 바로 '어른이 되는 것'이다. 늠름한 어른이 되기 위해서는 어린 시절을 충실하게 보내야 한다. 그것이 아이의 역할이다.

4.
집게벌레는 왜 새끼들이 자기 몸을 뜯어 먹는 동안 천적으로부터 새끼들을 보호하기 위해 싸우며 죽어갈까?

세상에 이런 일이!

갓 태어난 새끼 거미는 어미의 몸을 뜯어 먹는다.

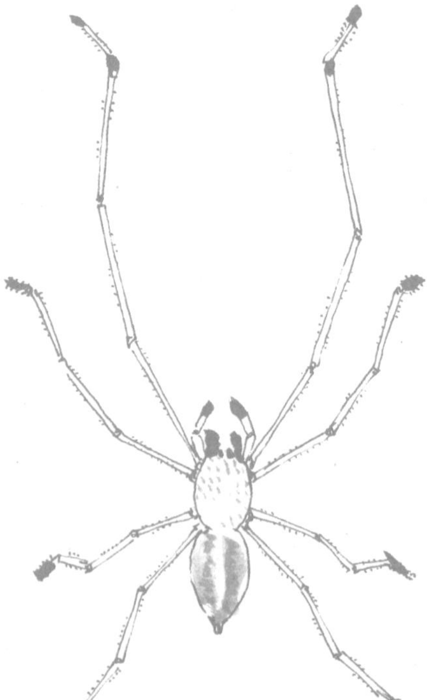

'새끼를 지키고 돌보는' 습성은
강한 생물에게만 주어진 특권이다?

새끼를 돌보는 생물은 정해져 있다. 대부분 생물은 새끼를 돌보지 않는다. 나비나 잠자리 같은 곤충은 알을 낳고 나면 끝이다. 알을 낳은 어미는 뒤도 돌아보지 않고 떠나 자기 삶을 산다. 알에서 깨어난 어린 애벌레는 스스로 거친 세상을 살아가야 한다. 물고기가 새끼를 돌보는 건 예외적이다. 하지만 대다수 물고기는 알을 낳기만 할 뿐 새끼를 돌보지 않는다.

그러나 인간은 다르다. 사랑을 담뿍 쏟아 자식을 키운다. 그렇다면 자연계에서 사는 다른 생물들은 부모로서 정이 없는 매정한 존재일까? 곤충이나 물고기 중에도 예외가 있어, 어떤 개체는 새끼를 돌본다. 예를 들어 전갈은 새끼를 돌보는 곤충으로 알려져 있다. 독침을 지닌 무서운 곤충 전갈은 알고 보면 자식 사랑이 애틋하다.

거미는 다리가 여덟 개라서 곤충으로 분류되지 않지만, 거미 중에서도 새끼를 돌보는 종류를 찾아볼 수 있다. 인간이 꺼림칙하게 여기는 전갈과 거미도 사실은 새끼를 보살피는 정 많은 개체다.

곤충이 알을 낳기만 하고 새끼를 돌보지 않는 데는 나름대로 이유가 있다. 곤충은 많은 생물이 먹이로 삼는 약한 존재다. 따라서 부모까지 먹이로 인식해서 꿀꺽 잡아먹힐까 봐 지킬 수가 없다. 그런데 전갈은 강력한 독침으로 적을 물리칠 수 있어 알을 지키고 새끼를 보듬는다.

'새끼를 지키고 돌보는' 습성은 강한 생물에게만 주어진 특권이다. 힘을 가진 개체만 부모가 새끼를 돌볼 수 있는 것이 엄격한 자연의 순리다.

눈물겹고도 비극적인 모정을 보여주는 어미 집게벌레

작디작은 벌레가 새끼를 돌보기란 쉽지 않다. 그런데 우리가 주위에서 볼 수 있는 곤충 중에서 집게벌레가 새끼를 돌보는 것으로 알려져 있다. 집게벌레는 이름 그대로 꼬리 끝에 큼직한 집게가 달려 있는데, 이 집게를 무기 삼아 적으로부터 자신과 새끼들을 지킨다. 집게벌레는 스스로를 지킬 힘을 가지고 있기에 새끼도 돌볼 수 있는 것이다.

성충이 된 집게벌레는 돌 아래에 알을 낳은 뒤 부화할 때까지 고이 감싸듯 품고 열심히 지킨다. 이때 돌멩이를 들춰보면 어미 집게벌레는 집게를 치켜들고 필사적으로 적을 쫓으려 안간힘을 쓴다.

어미 집게벌레는 알이 부화할 때까지 한 달에서 두 달이 넘는 동안 아무것도 먹지 않고 오로지 알을 지키는 일에만 전념한다.

드디어 알에서 작은 애벌레가 꿈틀꿈틀 깨어난다. 그렇다고 어미의 일이 끝나는 것은 아니다. 집게벌레는 육식 곤충이라서 작은 곤충 등을 먹이로 삼는다. 하지만 갓 부화한 작은 애벌레는 사냥감을 잡을 수가 없다. 그래서 어미는 새끼들에게 자기 몸을 내준다.

갓 태어난 새끼들은 어미의 몸을 아귀아귀 갉아 먹는다. 그리고 새끼들에게 먹히면서도 어미 집게벌레는 마지막 힘을 짜내 집게를 휘둘러 적을 쫓으려 애쓴다.

이처럼 어미 집게벌레는 새끼를 돌보기 위해 자신의 모든 것을 희생하고, 마지막에는 목숨까지 내주는 눈물겨운 모정을 발휘한다. 어미를 먹어 치운 뒤 먹을 것이 떨어지면 애벌레들은 뿔뿔이 흩어져 제 갈 길을 간다.

어미의 체액을 빨아 마시며 생존해야 하는 애어리염낭거미의 기구한 운명

거미는 꺼림칙한 느낌을 줄 때가 많다. 하지만 징그럽고 불길한 이미지와 달리 거미 중에서도 새끼를 돌보는 종이 있다. 벌레를 먹이로 삼는 거미는 곤충 세계에서 천적이 거의 없어 새끼를 돌볼 여력이 있다.

흔히 볼 수 있는 무당거미도 새끼를 돌본다. 어미 무당거미는 나무줄기 등에 알을 낳고, 치마폭으로 감싸는 것처럼 위장해 알을 지킨다. 무시무시한 거미 리코사 타란툴라는 무서운 생김새와 달리 새끼를 돌본다. 이 거미는 거미줄을 치지 않고 땅 위를 슬금슬금 기어다니며 사냥감을 포획해, 거미를 반려동물로 기르는 사람들에게 인기가 많다.

어미 타란툴라는 알주머니를 엉덩이에 대롱대롱 매달고 다니며, 이 알에서 새끼가 부화하면 새끼들이 어미 등에 옹기종기 올라타 어부바를 한 듯한 자세로 이동한다. 어미 거미가 새끼 거미를 업은 모습을 보고 싶어서 키우는 사람도 있다.

풀숲에서 볼 수 있는 낯표스라소니거미와 점박이꼬마거미는 거미줄을 치고 알주머니를 지키며, 알에서 태어난 새끼 거미는 한동안 어미와 지낸다.

새끼를 돌보는 거미 중 애어리염낭거미는 최강의 독성을 자랑하는 것으로 알려져 있다. 독을 품고 적으로부터 몸을 지키는 무시무시한 거미다. 애어리염낭거미는 참억새 등의 잎을 모아 둥지를 짓고, 둥지 밖을 순찰하며 먹잇감이 되는 곤충을 잡는 습성이 있다.

짝짓기를 마친 암컷 애어리염낭거미는 알을 돌보기 위해 둥지를 짓고 알을 낳은 뒤, 둥지 안에서 진을 치고 알을 지킨다. 알을 지키는 어미 거미는 경계심이 많고 공격성도 강해 조심해야 한다.

어미의 지극정성 끝에 마침내 세상 구경을 하게 된 새끼 거미들은 놀랍게도 제 어미를 잡아먹으며 생을 시작한다. 새끼 거미들은 어미의 체액을 빨아 마신다. 어미 거미는 도망치는 시늉조차 하지 않은 채 새끼들에게 자기 몸을 기꺼이 내준다.

제 몸을 보시하는 육아, 이것이 애어리염낭거미의 모정이다. 새끼 애어리염낭거미의 생일은 곧 어미의 제삿날이 되는 셈이다.

본능에 따라 행동하는 무척추동물 vs.
지능에 따라 행동하는 척추동물

집게벌레와 거미의 어미는 목숨을 걸고 새끼를 지킨다. 그런 어미의 행동은 '자신을 희생해서라도 자식을 지킨다'는 모정 때문이 아니라 본능이다.

동물은 척추가 있는 척추동물과 척추가 없는 무척추동물로 나뉜다. 척추의 유무가 그렇게 중요한지는 알 수 없지만, 동물을 척추의 유무로 나누면 분류하기가 편리하다.

거미나 문어 등은 척추가 없는 무척추동물로 분류되는데, 무척추동물은 본능에 따라 행동한다. 반면 어류나 양서류, 파충류, 조류, 포유류는 척추동물로 분류되는데, 척추동물은 본능뿐 아니라 지능을 발달시킨다. 특히 인간을 포함한 포유류는 지능을 최대한 활용한다.

그렇다면 척추동물의 육아는 어떨까?

5.
수컷과 암컷 개복치 두 마리가
한꺼번에 3억 개의 알을 낳아
그중 두 마리 정도만
성체로 키우는 까닭은?

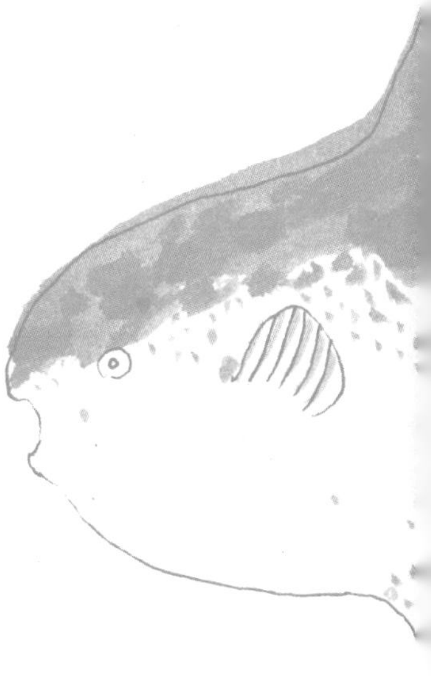

개복치 두 마리가 살아남기 위해서는 몇억 개의 알이 필요하다.

개복치의 알이 모두 성체로 자라면 무슨 일이 일어날까?

척추동물 중에서도 새끼를 돌보는 동물은 소수다. 생물은 대부분 알과 새끼를 낳기만 하고 돌보지 않는다. 척추동물 중에서 가장 오래전에 출현한 어류의 일부 특수한 종류는 새끼를 돌보는 예가 알려져 있지만, 대다수 물고기는 새끼를 돌보지 않고 나 몰라라 내팽개치는 방임형이다. 그저 알을 낳기만 할 뿐이다.

그런데 그 알이 무사히 성체로 자란다는 보장이 없다. 그래서 알을 낳기만 하는 물고기는 생존 확률이 낮은 만큼 알을 많이 낳는다.

수족관의 인기 어종인 개복치는 한꺼번에 3억 개나 되는 알을 낳는다고 알려져 있다. 이 알이 모두 성체로 자라면 전

세계 바다가 물 반 개복치 반이 될 거라는 우스갯소리가 나올 정도다.

그러나 수컷 한 마리와 암컷 한 마리, 즉 개복치 두 마리가 낳은 알은 최종적으로 두 마리 정도만 살아남는다고 계산할 수 있다. 반대로 말하면, 개복치 두 마리가 살아남기 위해서는 3억 개의 알이 필요한 셈이다. 생존율이 1억 5,000만분의 1이니, 살아남아서 성체가 될 확률은 복권 1등에 당첨될 확률보다 훨씬 낮다. 따라서 성체로 자란 개복치는 운이 엄청 좋다고 할 수 있다.

어미가 새끼를 돌보지 않는 생물의 경우, 새끼가 성체가 되는 과정이 너무나 가혹하다. 척추동물의 진화 과정에서, 먼저 어류가 육상으로 진출한 뒤 개구리와 도롱뇽 등의 양서류가 탄생했다. 양서류도 알을 낳기만 할 뿐 새끼를 돌보지 않는다.

양서류가 진화해서 만들어졌다는 파충류는 어떨까? 육지에 상륙하는 데 성공한 파충류는 '물가'라는 서식지를 벗어날 수 없었다. 그때 더 건조한 환경에 내성을 지닌 파충류가 등장해 육상에 본격적으로 진출했다.

양서류는 물가에 알을 낳고 새끼 시절 물속에서 올챙이로 사는 반면, 파충류는 건조한 뭍에서 알을 낳는다. 그래서 파충류는 알이 말라 죽지 않도록 껍데기가 단단한 알을 낳도록 진화했다. 그리고 보온을 위해 흙 속에 알을 낳는다.

파충류의 산란 과정을 보면 알을 보호하는 것 같지만, 새끼를 돌보는 파충류는 거의 없다.

척추동물 중에서 최초로 본격적인 '육아'에 나선 동물은?

척추동물 중에서 최초로 본격적인 '육아'에 나선 동물은 '공룡'이다. 공룡은 겉모습만 보면 도마뱀이나 악어 같은 파충류와 닮은꼴인데, 속속들이 따져보면 다른 점이 많다. 공룡은 파충류보다 훨씬 진화한 생물이었다.

파충류는 외부 기온에 따라 체온이 달라지는 변온동물인데, 공룡은 외부 기온에 상관없이 체온을 일정하게 유지하는 항온동물이었을 것으로 추정된다. 또한 무리를 지어 철새처럼 계절에 따라 서식지를 옮겨 다니는 '나그네'였다. 단지 공룡은 파충류보다 현재 조류에 가까운 성질을 지닌 생물이었다.

공룡은 조류와 마찬가지로 새끼를 돌보는 습성이 있었다는 주장이 있다. 새처럼 둥지에서 알을 품는 공룡의 화석과 부모에게서 먹이를 받아먹은 것으로 추정되는 새끼 공룡의 화석이 발견되기도 했다.

그렇다면 인간을 포함한 포유류는 어떨까? 알을 품고 새끼를 기르는 공룡이나 조류와 비교해도 포유류는 극적인 진화를 이룩했다. 바로 '새끼'를 낳은 것이다.

포유류(哺乳類)란 '젖을 먹이는 생물'이라는 뜻이다. 포유류는 알을 낳지 않고 어미의 배 속에서 태아가 어느 정도 자랄 때까지 키운다. 태어난 뒤에는 '젖'이라는 영양가 높은 먹이로 새끼를 키우는 것이 포유류의 큰 특징이다. 알을 낳지 않고 새끼를 어미 배 속에서 키워 생존율을 눈에 띄게 높였을 뿐 아니라, 모유라는 특별한 먹이까지 마련했다.

이쯤에서 다시 한번 복습해보자. 무척추동물의 경우 적이 적은 전갈이나 거미가 새끼를 기르듯, 육아는 새끼를 지킬 수 있는 강한 생물에게만 허락된 특권이었다.

척추동물은 어떨까? 어류와 파충류는 알을 낳는데, 포유류처럼 새끼를 낳는 종도 있다. 다만 어류와 파충류는 알을 낳는 '난생'으로, 새끼를 키우는 태반이 없어 체내에서 알을 부화시켜 새끼를 낳는다. 포유류와 같은 '태생'은 아니지만 태생과 흡사해 '난태생(卵胎生)'이라고 부른다.

난태생으로 새끼를 낳는 동물로는 어류인 상어가 있다. 파충류 중에는 살무사가 난태생 생물로 알려져 있다. 상어나 살무사 모두 감히 맞설 적이 드문 강한 생물이다.

척추동물의 진화 과정에서 최초로 본격적인 육아에 나

선 공룡도 지구를 지배한 강한 생물이었다. 그리고 공룡에서 진화했다고 여겨지는 조류도 새끼를 돌본다.

포유류는 이 공룡과 조류보다 육아를 더 진화시켜, 어미 몸속에서 새끼를 지키고 모유로 키우는 고도의 육아 기술을 진화시켰다.

포유동물이 육아를 선택한 것은 강해서가 아니라 살아남기 위해서라고?

포유류는 새끼를 키울 만큼 강한 존재일까? 지금은 포유류가 지구를 지배하고 있지만, 공룡이 번성하던 시대에는 공룡의 기세에 눌려 쥐 죽은 듯이 지냈다. 작고 약한 존재였던 포유류는 공룡의 눈을 피해 깜깜한 밤에 살금살금 활동했다. 그러나 공룡에게서 도망치기 위해 청각과 후각 등의 감각기관과 이 기관들을 관장하는 뇌를 발달시켜 민첩한 운동능력을 갖추었다.

포유류는 적에게서 달아나 새끼를 지키는 능력을 발달시켜, 알이 아닌 새끼를 낳아 돌보는 '육아' 습성이 있는 생물로 거듭났다. 그리고 현재 새끼를 돌보는 포유류는 지구에서 번성하고 있다. 포유류는 강해서가 아니라, 약하지만 살아남기 위해 육아라는 대안을 선택했다. 또한 '지능'을 발달시킨 포유류는 이 지능을 활용하기 위해 '육아'의 필요성을 느꼈다.

그렇다면 '지능'과 '육아'는 어떤 관계가 있을까? 지능을 발달시킨 포유류는 왜 육아의 필요성을 느끼게 되었을까?

이 물음에 대한 답은 이어지는 장에서 살펴보자.

②
장

우두머리 수컷 고릴라는 왜 육아휴직을 내고 새끼들을 돌볼까?

6.
배우지 않고도 살 수 있는 곤충 새끼 vs. 배우지 않으면 아무것도 할 수 없는 포유동물 새끼

본능을 가장 고도로 발달시킨 생명체는 곤충이다.

'놀이'는 왜 포유동물에게 중요한 생존 수단일까?

포유동물의 새끼는 잘 논다. 호기심이 왕성하다. 대상에 이런저런 관심을 보이고 온갖 일을 하고 싶어 한다. 곧잘 어른 흉내를 내기도 한다. 장난도 치고 형제자매끼리 티격태격 싸우기도 한다. 낮에는 그렇게 놀며 시간을 보낸다. 열심히 먹이를 모아 식구를 먹여 살려야 하는 어른 동물 입장에서는 팔자가 늘어진 생활이다. 이런 어린 동물들의 행동에는 어떤 의미가 있을까?

인간도 매한가지다. 아이는 온종일 질리지 않고 강에 돌을 던지며 물수제비 연습을 하고, 죽은 나비를 하염없이 들여다보며 시간을 보낸다. 한눈을 팔며 사부작사부작 돌아다니거나 이웃집 아이에게 시비를 걸기도 하고 말썽을 피우고 장난을 치며 하루를 보낸다.

아이들이 푹 빠져 있는 대상이나 관심을 가지는 일들이 어른 눈에는 시시해 보인다. 아무런 가치도 없는 일에 매달리는 아이들의 장단에 맞추다 보면 귀찮아져, 제발 그만하라며 소리를 지르고 싶을 때도 있다.

그러나 '놀이'는 포유동물에게 중요한 생존 수단이다. 새끼 포유동물에게 '놀이'는 살아가는 방법을 '학습'하는 시간이기 때문이다.

본능을 가장 고도로 발달시킨 생물종은?

대다수 생물에게는 본능과 지혜가 있다. 예컨대 철새는 누구에게 배우지 않아도 이동 시기와 경로를 착각하지 않는다. 연어는 가르쳐주지 않아도 강을 거슬러 자신이 태어난 고향 하천으로 돌아간다. 생물은 본능에 따라 행동할 수 있다.

이 본능을 가장 고도로 발달시킨 생명체는 곤충이다. 곤충은 부모에게 배우지 않아도 살아갈 수 있다. 알에서 막 깨어난 새끼 사마귀는 배우지 않아도 앞다리를 휘둘러 작은 곤충을 잡을 줄 안다. 꿀벌은 디자인과 기능성이 뛰어난 육각형 벌집을 지을 수 있으며, 꽃에서 꿀을 찾고 동료 일벌에게 꽃이 있는 위치를 전달한다. 일벌들은 여왕벌과 애벌레를 돌보고 벌집을 정비한다. 이렇게 곤충은 본능이라는 고도의 프로그램에 따라, 배우지 않아도 살아가는 데 필요한 행동을 취할 수 있다.

반면 포유류는 손이 많이 간다. 갓 태어난 아기는 혼자서 살아갈 수 없다. 젖을 물려주면 빠는 것 정도가 본능으로 할 수 있는 것이다. 육식 동물의 새끼는 부모에게서 사냥하는 법을 배우지 않으면 먹이조차 잡을 수 없다. 초식 동물도 별반 다르지 않다. 부모가 도망치면 제풀에 놀라 쪼르르 도망칠 뿐 무엇이 위험한지 알지 못한다. 겨우 부모를 따라 하는 정도다.

포유동물도 본능이 있긴 하지만, 곤충만큼 완벽하게 프로그램된 본능은 없다. 포유동물 새끼는 누군가에게 배우지 않으면 아무것도 할 수 없는 미약한 존재다.

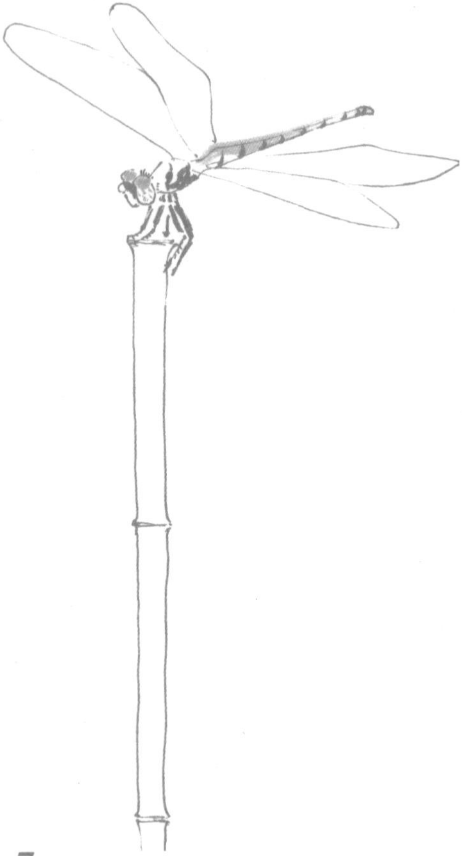

7.

시력이 뛰어나고 본능이 발달한 잠자리는 왜 푸른색 천막 위에 알을 낳을까?

'지능'은 스스로 답을 끌어내야 한다.

말벌이 먹이를 둥지로 가져가는 도중에 떨어뜨려도 찾지 않고 그대로 날아가는 생물학적 이유

곤충들은 고도의 본능을 발달시켰다. 그러나 본능에도 결점은 있다. 잠자리는 지금 당장 말라버릴 것 같은 도로의 작은 웅덩이에 알을 낳는다. 그런 곳에 알을 낳으면 애벌레로 자라지 못하고 말라 죽을 터인데도 개의치 않는다. 도로 웅덩이는 그나마 낫다. 빗물이 고인 푸른색 천막 위에 알을 낳는 얼빠진 녀석도 있다. 푸른색 천막이 수면처럼 보인 것일까?

잠자리는 멀리서 작은 벌레를 사냥감으로 포착할 정도로 시력이 좋다. 하늘 위에서 보면 알을 낳을 만한 곳인지 아닌지 충분히 알 수 있다. 그런데 한편으로 '지상에서 햇빛을 반짝반짝 반사하는 장소에 알을 낳는다'라고 프로그램되어 있는 모양이다. 아스팔트나 푸른색 천막이 없던 시절에는 문제가 없었겠지만, 요즘에는 그 프로그램이 적합하지 않다. 그런데도 잠자리는 시대에 맞지 않는 프로그램에 따라 잘못된 장소에 알을 낳는다.

말벌은 다른 곤충을 잡으면 둥지로 가져가서 애벌레에게 먹이로 준다. 그런데 먹이를 둥지로 가져가는 도중에 떨어뜨려도 찾지 않고 그대로 둥지까지 날아간다. 또 햇빛으로 자신의 위치를 판단하는 곤충들은 어둠 속에서 빛나는 전등을 향해 무작정 돌진한다. 본능 프로그램에 따라 기계적으로 움직여 잘못된 행동을 저지르는 것이다.

이처럼 정해진 환경에서는 올바르게 행동하지만 프로그램에 없는 환경에서는 전혀 대응하지 못하는 것이 본능의 결점이다. 그렇다면 곤충들은 어떻게 해야 할까?

포유동물이 발달시킨 '지능'의 치명적 함정

곤충은 본능을 고도로 발달시킨 반면, 인간을 포함한 포유류는 생존 수단으로서 지능을 고도로 발달시켰다. 포유류는 머리로 생각하고, 어떤 환경에나 임기응변을 발휘해 적응할 수 있다. 정보를 처리하고 상황을 해독해 어떤 행동을 취할지 결정한다. 모든 것이 지능이 발달한 덕분이다.

지능을 가진 포유동물은 푸른색 천막 위에 알을 낳는 잠자리의 행동이 옳지 않다는 걸 바로 알아차리며, 먹이를 떨어뜨리면 그 자리에서 바로 찾아 나선다. 이것이 지능의 뛰어난 점이다.

그런데 지능에도 결점이 있다. 기나긴 진화 과정에서 몸으로 익힌 '본능'은 대개 올바른 행동을 끌어내는 매뉴얼이어서 정답이 정해져 있다. 반면 '지능'은 스스로 정답을 끌어내야 한다. 그런데 심사숙고 끝에 생각해낸 행동이 잘못된 것일 수도 있다.

8.

AI를 창조한 인간이 어느 시점부터 AI를 절대 이길 수 없는 이유는?

안전한 환경에서 경험을 축적할 기회를 제공하는 것도 포유동물 부모의 역할이다.

'기계가 스스로 학습하는' 딥 러닝 시스템으로 인간의 능력을 넘어서기 시작한 AI

잘못된 행동을 하지 않게 하려면, 지능이 어떤 역할을 해야 할까? 상황을 분석하려면 데이터가 필요하다. 최근 인공지능(AI)이 눈부시게 발달해 컴퓨터가 결코 인간을 이길 수 없다던 바둑과 장기에서도 인간의 능력을 넘어서고 있다. 이 AI는 '딥 러닝(deep learning)'으로 학습한다.

컴퓨터가 바둑이나 장기의 고수가 되려면 수많은 정보가 필요하다. 먼저 바둑과 장기의 규칙을 컴퓨터에 가르친 뒤 바둑과 장기 관련 서적에 나오는 대국 방법과 전술을 입력한다. 그 정도로는 인간을 간단히 이길 수 없어 과거 대국에서 얻은 엄청난 양의 기보 정보를 바탕으로 '이런 상황에서는 이렇게 두면 이긴다'라는 식으로 학습시킨다. 하지만 '인간에게 배우는' 인간의 지식을 반복해서 주입하는 것만으로는 인간을 넘어서는 경지에 이를 수 없다.

마침내 컴퓨터는 스스로 바둑과 장기 대국을 반복 연습하며 혼자서 승수를 연구한다. '기계가 스스로 학습'하는 셈이다. 이것이 '딥 러닝'이다. 컴퓨터는 엄청난 속도로 대국을 되풀이할 수 있다. 그러면 인간이 섣불리 덤빌 수 없는 경지에까지 이르게 된다. 이렇게 해서 인간을 능가하는 AI가 만들어진다.

포유동물의 지능도 마찬가지다. 올바른 답을 끌어내려면 엄청난 양의 정보가 필요하다. 그러나 외부에서 주어진 정보만으로는 충분하지 않다. 그 정보를 바탕으로 복습하고 그 정보가 정확한지 확인해야 한다. 이것이 '경험'이다. 아무것도 입력되지 않은 백지 상태의 컴퓨터는 단순한 상자와 같듯, 아무 정보도 없는 지식은 아무런 기능을 하지 못한다. 인간에게는 경험이 필요하다.

인간의 '경험'이 AI의 정보량을 넘어선다고?

예전부터 AI에 대해 '프레임 문제'가 거론되어왔다. 프레임 문제를 로봇에 비유해 설명한 것이다. 동굴 안에 로봇을 움직이는 배터리가 있는데, 그 위에 시한폭탄이 장착되어 있다. 이때 로봇에 '동굴로 들어가서 배터리를 가져오라'는 명령을 내렸다고 가정한다.

1호기는 동굴 안에서 배터리를 가지고 나왔으나 폭탄도 함께 가져와 폭발해버렸다. 배터리를 가져오라는 지시를 수행하긴 했으나, 나머지 문제에 대해서는 생각하지 못했던 것이다.

2호기에는 '배터리를 가지고 나올 때 일어날 수 있는 부수적인 문제를 고려하라'는 조건을 추가했다. 그러자 2호기는 배터리 앞에서 가동을 멈췄다. 폭탄을 제거하면 천장이 무너져 내리지 않을까, 벽에 다가가면 벽의 색이 변하지 않을까 등 일어날 수 있는 온갖 상황을 줄줄이 고려하느라 아무것도 할 수 없었다.

3호기에는 '상자에서 배터리를 꺼내라'와 같이 목적과 무관한 사항은 고려하지 말라는 조건을 주었다. 그러자 동굴에 들어가지 않았다. 목적과 무관한 부분이 무한히 존재해, 그 부분들을 찾아내 제거하는 데 무한한 시간이 필요했기 때문이다.

인간이라면 위험한 폭탄을 제거하고 배터리만 들고 나오는 상황을 어렵지 않게 떠올릴 수 있다. 그러나 AI는 '폭탄을 제거하라'는 지시밖에 생각할 수 없다.

원래 '동굴 안에서 배터리를 가져온다'는 이 로봇 이야기는 AI 연구 초기 단계에서 제시된 문제다. 따라서 오늘날 AI는 폭탄을 피하면서 배터리를 가져오는 정도의 명령을 충분히 수행할 수 있다. 물론 상정한 조건 외 문제에 적절하게 대응하기 어렵다는 본질적인 과제가 완전히 해결된 것은 아니다. 조건과 상황을 하나로 묶음으로써 프레임 문제는 해결되었으나, 모든 문제를 해결하기 위해서는 방대한 정보를 입력할 필요가 있다.

인간의 '경험'은 AI의 정보량을 웃돈다. 상정하지 않은 상황에 대처할 수 있는 능력은 인간만의 강점이다.

경험의 위대함과 명백한 한계

경험이란 '성공'과 '실패'를 반복하는 과정이다. 바둑이나 장기 AI를 예로 들면 '이 수를 두면 이긴다', '여기에 두면 진다'라는 정보를 차곡차곡 축적한다.

포유동물도 마찬가지다. 성공과 실패를 반복함으로써 어떻게 하면 실패하고 어떻게 하면 성공할지 인식한다. 그것이 경험이다. 그러나 포유동물의 경험에는 조건이 있다. 그 경험이 안전한 환경에서 이루어져야 한다는 것이다. 경험의 안전성이 담보되지 않으면 목숨을 잃을 수 있다. '사자에게 한번 잡아먹혀볼까', '저 건물에서 뛰어내리면 어떻게 되는지 실험해볼까', 이런 경험은 생존에 보탬이 되는 정보를 제공하지 않는다. 죽으면 끝이기 때문이다.

포유동물은 부모가 새끼를 지켜준다. 따라서 새끼들은 부모의 보호를 반복해서 경험하게 된다. 부모의 보호를 받지 못하는 곤충은 할 수 없는 경험이다. 이처럼 포유동물은 부모의 보호를 받으며 경험을 활용하고, 지능을 고도로 발달시킬 수 있다. 또한 포유동물의 부모 역할은 새끼를 지키는 데서 끝나지 않고, 안전한 환경에서 경험을 쌓을 수 있도록 도와준다.

9.
먹잇감으로 잡아다 준 초식 동물과 노는 새끼 치타를 어미는 어떻게 교육해서 어엿한 육식 동물로 키울까?

살아가는 데 필요한 최소한의 지식은
어미에게서 배운다.

포유동물 새끼에게 '놀이'가 생존과 직결되는 중요한 문제인 까닭

포유동물의 새끼들은 한정된 환경에서 효과적으로 경험을 쌓을 수 있는 도구를 가지고 있다. 바로 '놀이'다. 여우와 사자 등 육식 동물 새끼들은 작은 동물을 쫓기도 하고, 형제끼리 장난을 치거나 티격태격 다투며 잘 논다. 이처럼 노는 과정에서 성공과 실패를 경험하고 먹이를 잡는 방법과 동료를 대하는 법 등을 배운다. 놀이를 통해 '사냥'과 '전투', '교미' 등을 연습하는 셈이다.

새끼한테는 안전한 환경에서 위험 대처 능력을 키우는 과정이 중요하다. 부모의 보호를 받는 동안에는 실패하더라도 목숨이 위태롭지 않다. 그러나 홀로서기에 나서면 주변이 위험 천지다. 따라서 부모가 보살펴주는 안전한 환경에서 무엇이 위험하고 무엇이 위험하지 않은지 체험하는 과정이 필요하다.

'지능 전략'에 따라 살아가는 데 필요한 '최소한의 기술'을 열심히 가르치는 어미 포유동물

많은 생물은 모든 생존 기술이 본능적으로 프로그램되어 있다. 치어들은 알에서 태어나자마자 누구의 도움도 없이 먹이를 찾아 살아갈 수 있다. 거미는 누가 가르쳐주지 않아도 아름다운 거미줄을 칠 줄 안다. 성체가 된 매미는 가르침을 받지 않아도 큰 소리로 맴맴 운다.

그런데 포유류는 다르다. 살아가는 데 필요한 '최소한의 기술'을 부모에게서 배워야 한다. 그것이 '지능'이라는 전략이다. 따라서 육식 동물은 새끼일 때 사냥 훈련을 한다.

치타는 시속 100킬로미터 속도로 달리는 지상에서 가장 빠른 사냥꾼이다. 하지만 빠른 발을 타고난 대신 사자 같은 맹수와 비교가 되지 않을 정도로 완력이 약해 사냥 기술이 필요하다. 그래서 부모 치타는 새끼들에게 사냥하는 방법을 열심히 가르친다.

어린 치타들은 형제끼리 까불고 장난치며 논다. 포유류

는 놀이가 곧 배움이기 때문이다. 그리고 어미 치타는 먹잇감이 될 법한 초식 동물을 새끼들에게 준다. 그런데 새끼들은 그 동물이 먹이라고 깨닫지 못한다. 어미가 잡아다 준 새끼 초식 동물과 노는 새끼 치타의 철없는 모습에 놀라 눈이 휘둥그레질 때도 있다. 하지만 점차 새끼 치타들도 먹이 사냥법을 배우고 익힌다. 육식 동물은 초식 동물을 사냥하지 않으면 살아갈 수 없는데, 이런 최소한의 지식조차 배우지 않으면 알 수 없다.

10.
수달 등의 포유동물은
왜 교육받지 못하면 살 수 없는
위험천만한 구조로 생명을 이어나가는
'지능 전략'을 채택했나?

포유동물은 '교육법은 변화한다'라는 전략을 택했다.

동물원의 동물이 새끼를 돌보지 못하거나 버리는 이유는?

물고기를 잡으려면 수영 실력이 물고기보다 뛰어나야 한다. 그런데 수달은 뛰어난 수영 선수다. 수달은 물속을 재빠르게 헤엄치고 자맥질하며 물고기를 잡는다. 그렇지만 갓 태어난 수달도 헤엄을 잘 치는 것은 아니다. 수영 선수인 해달도 어미에게 배우지 않으면 헤엄칠 줄 몰라 물속에서 버둥거릴 뿐이다.

어미 수달은 새끼를 물속으로 끌고 들어가 억지로 잠수를 시키거나 새끼의 목을 눌러 헤엄치는 법을 가르친다. 물에 처박힌 새끼 수달은 어푸어푸 물을 먹으며 서툴게 헤엄을 치지만, 수달은 헤엄쳐서 직접 물고기를 잡지 않으면 살아갈 수 없다. 그래서 가르치는 어미도 필사적이다.

그렇다면 어미 수달은 어떻게 '수영 교습법'을 익혔을까? 본능에 따라 가르치는 것일까? 본능은 아닌 모양이다. 새끼 수달은 어미에게서 헤엄치는 법을 배운다. 그리고 어미를 본받아 '수영 교습법'도 배운다. 자라서 어미가 된 수달은 자신이 새끼 시절 부모에게서 배우고 익힌 수영 교습법으로 새끼를 가르친다.

동물원에서 사람이 키운 동물은 새끼를 제대로 돌보지 못하거나 새끼를 포기한다고 알려져 있다. 최근에는 동물원에서도 동물을 번식시키고 수를 늘리는 일이 중요해져, 최대한 새끼를 부모와 함께 기르고 사육사가 부모의 육아를 지원해준다. 포유동물은 부모가 되기 위한 훈련이 필요하다.

포유동물은 왜 본능이라는 뛰어난 생존 시스템을 주요 전략으로 채택하지 않았을까?

포유동물은 생존에 가장 기초적인 먹이를 잡는 기술조차 학습으로 터득해야 한다. 그리고 새끼에게 학습시키는 기술도 학습으로 터득해야 한다.

만약 부모가 적절한 학습 과정을 거치지 못하면 새끼를

기를 수 없다. 새끼도 적절한 교육을 받지 못하면 살아갈 수 없다. 이 얼마나 위험천만한 구조인가? 포유동물은 왜 이렇게 위험한 구조로 생명을 이어나가게 되었을까? 바로 포유동물이 발달시켜온 '지능'이라는 전략 때문이다.

본능에는 생존 기술이 프로그램되어 있다. 이 프로그램에 따라 갓 태어난 새끼도 누구의 도움 없이 살아갈 수 있다. 본능이란 굉장한 시스템이다. 그런데 본능은 환경 변화에 적응하지 못한다는 결점이 있다. 아무리 상황이 변해도 생물은 '본능'이라는 프로그램에 따라서만 행동해야 한다. 환경 변화에 맞춰 본능을 관장하는 프로그램이 수정되려면 기나긴 진화의 역사가 필요하다. 진화에 실패하면 시대에 뒤처져 멸종할 수도 있다.

반면 지능은 스스로 상황을 판단하는 힘을 지닌다. 그래서 지능을 지닌 동물은 환경이 변해도 상황에 따라 행동을 수정할 수 있다. 그러나 지능도 학습을 통해 수많은 정보를 입력하지 않으면 아무것도 할 수 없다는 결점이 있다.

본능이나 지능 모두 장단점이 있다. 이 두 전략 중 포유동물은 지능을 선택해 진화를 거듭했다. 물론 포유동물에게도 본능은 있다. 갓 태어난 아기는 배우지 않아도 어미 젖을 빨아 배를 채우며, 사랑의 계절이 오면 수컷은 암컷을 찾고 암컷은 수컷의 품을 그리워한다. 환경이 달라져도 변화하지 않는 부동의 행동은 본능에 프로그램되어 있다.

그렇다면 포유동물의 '생존 기술'은 어쩌다 지능에 의존하게 되었을까?

불변의 상황에는 본능으로, 변화하는 상황에는 지능으로 대응하도록 진화한 포유동물

백수의 왕 사자보다 몸집이 작은 치타는 톰슨가젤이나 임팔라처럼 그다지 크지 않은 초식 동물을 먹이로 삼는다. 하지만 언제까지 톰슨가젤과 임팔라가 먹이가 되어준다는 보장이 없다. 환경이 바뀌면 톰슨가젤과 임팔라가 초원에서 자취를 감출 수도 있다. 그때는 작은 쥐를 잡아먹거나 몸집이 큰 동물 사냥에 도전해야 할 수도 있다. 그래서 먹이를 잡는다는 '생존 기술'은 본능에 프로그램되어 있지 않다.

해달은 어떨까? 환경에 따라 헤엄치는 방법도 다르다. 서식하는 강의 유속이 빠를 수도 있고, 수심이 얕고 여울이 많을 수도 있다. 장소에 따라 먹이가 되는 물고기의 종류가 다르므로 수영법도 달라져야 한다. 포유동물은 불변의 상황에는 본능으로 대응하지만, 변화하는 상황에는 지능으로 대응하도록 진화했다.

그리고 포유동물은 육아에 지능을 활용한다. 새끼를 귀여워하고 새끼를 보호하려는 마음은 본능이다. 그러나 본능에는 아무런 육아 방법도 프로그램되어 있지 않다. 부모에게 배워야 할 '생존 기술'이 시대와 환경에 따라 다르고, 새끼에 따라서도 다르기 때문이다.

'지능'은 어쩌면 판단을 그르치거나 잘 풀리지 않는 상황이라는 리스크를 언제나 안고 있는지도 모른다. 그런데도 포유동물은 '교육법은 변화한다'라는 전략을 선택했다.

11.
AI가 아직 인간의 능력을 완벽하게 넘어서지 못하는 이유는 인간의 '오감'을 얻지 못했기 때문이다?!

인간은 기호화할 수 없는 대상을 인식하는 능력이 있다.

기호 정보로 입력할 수 없는 개념을 배우지 못하는 AI의 한계

AI는 대량의 정보를 얻어 경험을 축적하는 '딥 러닝'으로 스스로 학습할 수 있다. 바둑이나 장기 분야에서 AI는 인간이라면 도저히 불가능한 속도로 대국을 반복하고 기보를 분석하며 정보를 획득해, 그 누구도 상대가 되지 않을 정도로 막강한 고수가 되었다.

그러나 지금 시점에서 포유동물의 뇌는 AI가 할 수 없는 '배움'을 할 수 있다고 알려져 있다. 바로 '심벌 그라운딩 문제(Symbol Grounding Problem)'라고 부르는 개념이다. 심벌 그라운딩 문제는 초반에 얼룩말을 예로 들어 설명했다.

'얼룩말은 줄무늬가 있는 말이다'라고 정의할 경우, 인간은 이 설명만으로도 처음 얼룩말을 본 순간 '아, 이게 얼룩

말이구나'라고 추측할 수 있다. 하지만 AI가 볼 때 '줄무늬가 있는 말'이라는 정의는 단순한 글자 나열에 지나지 않는다. 요컨대 기호의 나열이다. 그래서 '말'을 다시 글자로 설명해주는 과정이 필요하다.

그렇다면 '말'을 어떻게 정의해야 할까? 말을 '네발짐승으로 발굽이 있는 동물이다'라고 정의한다면 염소나 기린과 구별할 수 없다. 즉, AI는 기호 정보로 입력할 수 없는 개념은 배울 수 없다.

AI가 넘어서기 어려운 장벽, '심벌 그라운딩 문제'

이 얼룩말 문제는 현재 화상 인식으로 해결되었다. 화상 정보로 입력된 수많은 말 이미지와 줄무늬 이미지를 딥 러닝한 결과 AI는 말과 줄무늬를 이해했고, 이 정보로 얼룩말을 이해할 수 있었다. 즉, AI가 화상을 인식하는 '눈'을 획득함으로써 얼룩말 문제는 해결된 셈이다.

최근 인터넷 등에서 본인 인증을 위해 암호 등의 기호 나열뿐 아니라 "나는 로봇이 아닙니다(I'm not a robot)" 등의 질문과 함께 "이 중에서 말이 찍힌 사진을 모두 선택하시오"와 같은 이미지 인식 문제를 풀게 할 때가 있다. 말에 관해

철저한 딥 러닝 과정을 거친 AI라면 이 문제를 풀 수 있지만, 일반적인 AI는 기호화할 수 없는 이러한 이미지를 인식하기 어렵다.

인간은 기호화할 수 없는 개념을 인식하는 능력이 있다. 이때 기호화하기 위한 무기가 '오감'이다. 오감이란 시각, 청각, 후각, 미각, 촉각이라는 다섯 가지 감각을 말한다.

AI는 화상 인식이라는 '눈'을 터득해나가고 있다. 그러나 '심벌 그라운딩 문제'는 여전히 AI가 넘어서야 할 벽으로 남아 있다. AI는 아직 인간의 오감을 얻지 못했기 때문이다. 기계의 센서는 염분 농도와 당도 등은 정확하게 측정할 수 있으나, '맛있다'는 감각은 측정할 수 없다. 온도와 습도는 정확하게 측정할 수 있지만, '쌀쌀하다'는 감각은 이해할 수 없다. 인간의 오감은 그만큼 뛰어나다.

말 울음소리만으로 말이라고 인식할 수 있는 인간의 능력

인간은 시야를 차단해 대상을 보지 못해도 말 울음소리만으로 말이라고 인식할 수 있다. 혹은 눈가리개를 하고 말과 염소와 기린 형태의 장난감 모형을 손으로 만져 그중에서 말을 골라낼 수 있다. 그것이 인간의 능력이다. 그러나 우리가 말이라고 인식할 수 있는 것은 말이라는 동물을 알고 있기 때문이다.

예를 들어 판다의 울음소리를 듣는다면 그 동물이 판다라고 인식하지 못한다. 판다 사육사가 아닌 평범한 사람은 판다의 울음소리를 평소에 들을 일이 없기 때문이다. 또 눈을 가리고 고생대에 살았던 할루키게니아(Hallucigenia)라는 생물 모형을 더듬더듬 만져봐도 그것이 무엇인지 알지 못한다. 할루키게니아라는 어려운 이름의 생물 자체를 모르기 때문이다.

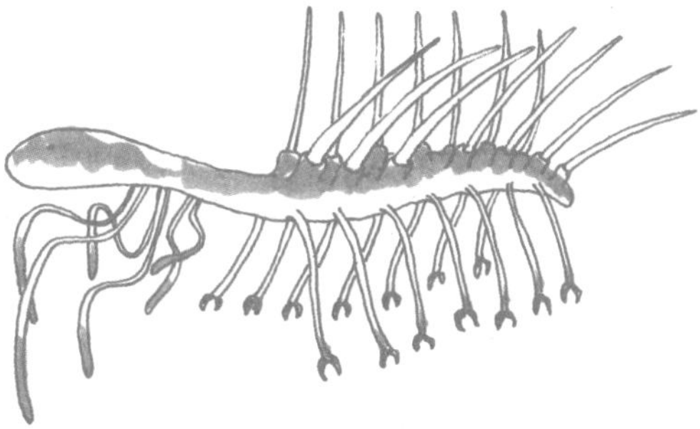

할루키게니아

12.
포유동물 못지않게 새끼를 정성껏 양육하는 새는 왜 지능이 아닌 본능을 따르는 전략을 택했나?

가장 기본적인 정보는 자연에서만 얻을 수 있다.

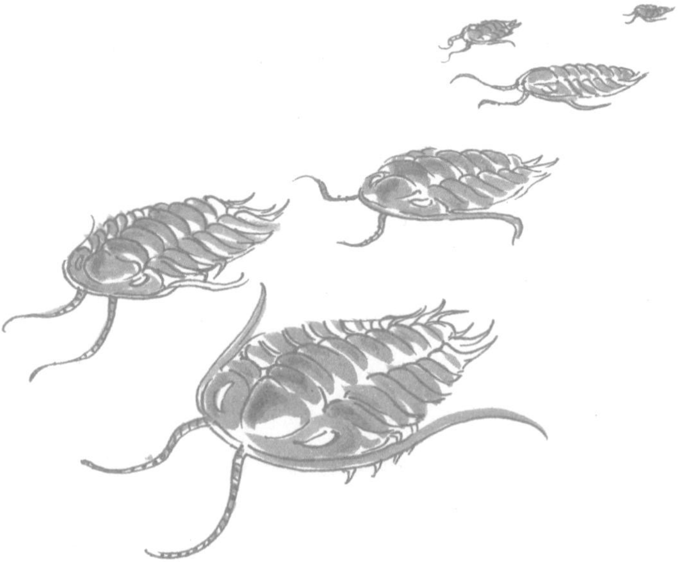

아기 새는 왜 태어나서 처음 눈에 들어오는 대상을 어미로 인식할까?

동물의 '본능'은 자연계 속에서 프로그램된다.

앞에서 잠자리는 푸른색 천막을 수면으로 착각해 알을 낳는다고 이야기했다. 옛날에는 잠자리가 착각할 만한 물건이 없었기 때문에 천막을 제대로 인지하지 못한 잠자리가 푸른색 천막을 수면으로 착각하는 것이다.

아기 새는 태어나서 처음 눈에 들어오는 대상을 어미라고 인식한다. 따라서 그 대상이 건전지로 움직이는 장난감이라 하더라도 어미 새라고 인식해버린다.

장난감이 없는 자연계에서는 맨 처음 눈에 들어오는 움직이는 물체가 반드시 '어미'다. 그래서 새끼는 어미를 착각할 염려가 없다.

동물의 '본능'은 자연환경을 기본으로 프로그램되어 있어 세상의 인공물을 파악할 수 없다. 그러나 지능을 발달시킨 포유동물은 푸른색 천막을 연못과 구별할 수 있고, 장난감과 부모를 구별할 줄 알며, 인간이 만들어낸 천막과 장난감을 인식할 수 있다.

이 '지능'은 경험을 통해 발달한다. 그런데 컴퓨터와 스마트폰은 초기 설정된 상태로 공장에서 출고된다.

그렇다면 동물의 지능에서 초기 설정에 해당하는 '경험'은 어떤 개념일까?

포유동물은 살아가는 데 필요한 '지능'을 발동하는 가장 기본적인 정보를 어디에서 얻을까?

최초의 컴퓨터는 그저 단순한 상자였다. 이후 마이크로소프트의 윈도 같은 운영 체제가 개발되어 초기 설정이 이루어졌고, 점차 인터넷과 이메일 환경도 갖추어졌다. 사전 소프트웨어와 워드 프로그램을 설치하면 문자를 입력할 수 있고, 엑셀 같은 표 계산 소프트웨어를 설치하면 계산도 할 수 있으며, 그림 그리기 소프트웨어를 설치하면 일러스트레이션 작업도 할 수 있다. 이렇게 컴퓨터는 컴퓨터로서 기능을 갖추었다.

스마트폰도 처음에는 그저 납작한 상자였으나 초기 설정으로 전화와 이메일을 사용하고 애플리케이션을 설치해 다양한 기능을 활용하면서 스마트폰으로서 기능을 수행하게 되었다.

인간의 뇌도 처음에는 그저 단순한 상자였다. 그렇다면 인간의 뇌가 인간의 뇌로서 기능하기 위해 가장 필요한 것은 무엇이었을까?

절대 국어나 수학 지식은 아니었을 것이다. 아무리 인간이 만물의 영장이라고 하지만, 인간도 동물의 일원에 지나지 않는다.

포유동물은 2억 년 전부터 크게 달라지지 않았다. 2억 년 전에 포유동물이 얻은 '지능'은 생명이 살아가기 위한 시스템이었다.

나는 살아가기 위한 '지능'을 발동하는 가장 기본적인 정보를 자연에서만 얻을 수 있다고 믿는다. 자연을 보고 듣고 만지며 오감을 활용해 정보를 얻는 중요한 과정을 일단 거쳐야 한다. 국어와 수학 같은 지식은 인간으로 살아가는 데 필요한 부수적인 능력이다. 그러나 국어나 수학은 AI의 특기인 기호로 이루어져 있다.

인간의 뇌는 AI가 이해할 수 없는, '감각'이라는 개념을 이해할 수 있다. 그 '감각'의 발달에 필요한 최초의 설정은 자연환경을 감각으로 느끼는 경험에서 시작된다.

음식이 뼈와 근육을 만들듯, 인간의 경험은 지능 개발의 근간이 된다

아이들은 자라면서 다양한 경험을 한다. 추억으로 평생 남는 경험도 있지만 전혀 기억에 남지 않는 경험도 있다. 또한 부모가 자녀를 위해 평생 기념으로 남을 만한 경험을 준비했으나 자녀가 전혀 기억하지 못할 때도 있다. 아이가 기억하지 못하면 어떤가? 아이의 경험은 추억을 만들기 위한 것이 아니다.

경험을 거듭하면서 지능은 점차 기능을 갈고닦는다. 모든 경험이 즐거울 필요는 없다. 괴로운 기억, 슬픈 기억, 쓸쓸한 기억, 안타까운 기억 등도 모두 뇌의 기능을 높이는 밑거름이 된다.

물과 거름이 식물의 잎을 무성하게 만들고 꽃을 피우듯, 우리가 먹은 음식이 뼈와 근육을 만들듯, 각각의 경험이 형태를 잃어버려도 경험은 축적되어 아이의 지능 개발에 도움을 준다.

포유류가 진화 과정에서 획득한 모유 수유가 획기적 시스템인 이유

포유류는 새끼를 기르는 동물이다. 그렇다면 새끼를 돌보는 새는 어떨까? 새들도 둥지를 짓고 알을 품으며 새끼를 돌본다.

새는 지능이 있는 동물이다. 특히 까마귀는 머리가 영특한 것으로 잘 알려져 있다. 쓰레기 수거 요일을 기억하고 쓰레기 수거장 근처에 진을 치고 기다린다거나, 딱딱한 도토리를 도로에 두어 자동차가 지나다니면서 껍데기를 깨뜨리면 알맹이를 먹는 영특한 까마귀도 있다. 이런 모습은 태어나면서부터 갖추는 본능이 아니다. 경험과 학습으로만 익힐 수 있다.

그러나 포유동물과 비교하면 새는 많은 부분을 본능에 의지한다. 가령 알에서 갓 깨어난 새끼 거위와 병아리는 처음 눈에 들어온 대상을 어미로 인식하고, 꽁무니를 졸졸 쫓아다니는 습성이 있는 것으로 알려져 있다. 철새는 길을 헤매지 않고 목적지를 향해 날아가는 습성이 있다. 이것은 모두 본능에 따른 행동이다.

육식 동물은 새끼에게 사냥 방법을 가르치고, 새끼 수달은 어미에게서 헤엄치는 방법을 배우지 않으면 헤엄을 칠 줄 모른다. 반면 새들은 스스로 먹이를 잡을 줄 알고, 다 자란 새는 배우지 않아도 둥지를 떠나 날아가서 독립한다. 포유동물과 비교하면 새는 본능에 따라 행동할 수 있는 것이 많다. 왜 그럴까?

새는 새끼를 돌보는 생물이지만, 부모 새는 새끼 새에게 먹이를 가져다주느라 여념이 없어 육아 시기에 새끼들에게 이것저것 가르칠 여유가 없다. 따라서 지능을 온전히 활용하지 못하고 본능에 의존할 수밖에 없다.

그렇다면 포유류는 어떨까? 포유류는 어미가 모유를 먹여 새끼를 기른다. 이런 육아법은 포유류가 진화 과정에서 획득한 획기적인 시스템이다. 이 시스템에 따라 포유류는 새끼들을 위해 먹이를 부지런히 모으지 않아도 새끼를 먹여 살릴 수 있다. 그래서 먹이 찾기에 쓸 시간을 줄여서 생긴 여유를 이용해 새끼들을 놀리고 새끼들에게 이런저런 삶의 지혜를 가르친다.

'지능'을 발휘하려면 부모의 보호와 부모의 보호 아래서 경험을 쌓는 '육아'가 필요하다. 포유류는 그 육아로 지능이라는 능력을 마음껏 발휘할 수 있게 되었다.

13.
하마는 왜 '입 크기'로 승부를 가리는 독특한 규칙을 고안하고 발달시켰나?

포유동물 중에서 규칙을 가르치는 것은 수컷이다.

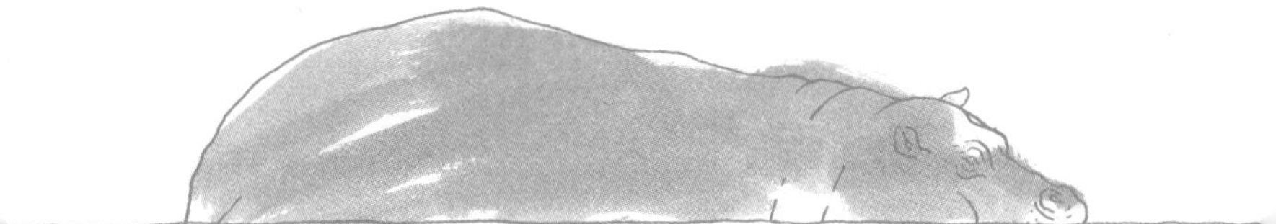

새끼 새가 난생처음 본 '움직이는 장난감'의 꽁무니를 졸졸 따라다니는 이유는?

아이에게 '부모'란 어떤 존재일까? 아이는 어떻게 부모를 인식할까? 부모란 '아버지와 어머니를 아울러 이르는 말'이다. 그런데 정작 아이는 누가 부모인지 알 수 없다.

새에게는 고민할 필요가 전혀 없는 간단한 문제다. 새에게 부모란 '태어나서 처음 본 움직이는 대상'이기 때문이다. 새끼 새의 머릿속에 그렇게 프로그램되어 있다. 새는 부화할 때까지 부모 새가 알을 품기 때문에 부모를 정의하는 이 프로그램에서 가장 간단하고 딱 떨어지는 정답이 정해져 있다.

자연계에서는 이 프로그램이 문제를 일으키는 경우가 거의 없다. 그러나 본능은 상정되지 않은 상황에 대응할 수 없다는 결점이 있다. 짓궂은 인간이 실험한답시고 갓 태어난 새끼 새에게 기계 장치 장난감을 보여주면 새끼 새는 그 장난감을 어미라고 인식해, 태엽을 감아 움직이는 장난감 꽁무니를 졸졸 따라다닌다. 자연계에서는 눈앞에 장난감이 나타날 리 만무하니, 새에게 부모란 고민할 필요 없이 태어나서 처음 눈에 들어온 대상이라고 정해져 있는 것이다.

그렇다면 포유류는 어떨까? 갓 태어난 아기는 누가 부모인지 모른다. 그러나 포유류 부모는 새끼를 기른다. 따라서 새끼에게는 자신을 돌봐주는 존재가 부모다.

동물원에서는 부모를 대신해 인간이 새끼 동물에게 먹이를 주는데, 이렇게 인간의 보살핌을 받고 자란 새끼 동물들은 인간을 부모라고 인식할 수도 있다. 살아가는 데는 이것이 전혀 문제가 되지 않는다. 자신을 지켜주고 돌봐주는 존재라면 어떤 종류의 생물이라도 부모가 될 수 있다.

수컷 하마는 왜 피 흘려 싸우는 대신 입 크기로 경쟁하는 독특한 시스템을 발달시켰나?

대부분 생물은 '본능'을 발달시킴으로써 생존 기술을 터득할 수 있는 데 반해, 포유류는 육아로 '지능'을 활용할 수 있다. '본능'이 자연계에서 살아남기 위한 최소한의 프로그램이라면 '지능'은 환경에 적응해 그 프로그램을 변화시키는 어댑터이거나 새로운 형태로 업그레이드할 수 있는 도구다.

그래서 포유류 세계에는 본능으로만 사는 생물에게서는 찾아볼 수 없는 고도로 발달한 정교한 프로그램이 있다. 바로 '규칙'이다. 예를 들어 수컷 하마는 입을 크게 벌려 입 크기를 서로 견준다. 하지만 입이 작다고 나약하다며 무시하지 않는다. 힘으로 승부를 겨뤄볼 수도 있고, 실제로 치열한 싸움이 벌어질 때도 있다. 그러나 이 규칙을 깨고 비겁하게 싸우면 그 과정에서 다친 수컷이 늘어나 무리 전체의 세력이 약해진다. 그렇게 되면 다른 하마 무리에게 영역을 빼앗길 수도 있다.

입 크기가 힘의 세기를 증명하는지는 알 길이 없다. 자연계에서 무엇이 중요한지는 알 수 없지만, 불필요한 싸움을 피해 무리가 살아남으려고 입 크기로 승부를 가리는 고도의 규칙이 발달했다.

세계에서 가장 큰 사슴인 말코손바닥사슴(Moose)은 무척 멋진 뿔을 가지고 있다. 사슴의 뿔은 싸울 때 무기로 사용되지만, 말코손바닥사슴의 뿔은 너무 커서 무기로 쓰기에 적합하지 않다. 따라서 말코손바닥사슴 세계에서는 뿔 크기로 승부가 결정된다. 뿔이 큰 사슴이 승리하는 것이다. 뿔 크기가 비슷할 때는 살짝 뿔을 맞대고 힘겨루기에 나서기도 하지만, 진심으로 싸울 생각은 없다.

때로는 늑대나 사자 등의 수컷이 과격하게 싸우기도 하지만 죽음에 이를 정도로 심하게 싸우지는 않는다. 어느 한쪽이 항복하거나 꼬리를 내리고 도망치면 승부가 끝난다. 이처럼 동물들은 살아남기 위해 나름대로 고도의 규칙을 발달시켰다.

무리를 이루어 생활하는 포유동물의 수컷이 새끼들에게 규칙을 가르치는 생물학적 이유는?

싸우지 않고 승패를 결정하는 이러한 고도의 규칙은 지능이 힘을 발휘하는 분야다. 피 터지게 싸우다가 죽을 수도 있고, 다 같이 죽자고 덤비면 무리 전체가 생존 경쟁에서 도태될 수도 있기 때문에 위험한 경험에는 선불리 발을 들여놓지 않는다. 그래서 누군가 그 규칙을 새끼들에게 가르쳐 줄 필요가 있다.

포유동물의 경우, 그 규칙을 가르치는 존재는 수컷이다. 암컷은 몸속에서 태아를 보호하고 모유로 새끼를 기르는 중요한 역할을 맡고, 수컷은 새끼들이 세상을 살아가는 데 필요한 규칙을 가르친다. 포유동물 중에서 수컷이 육아에 참여하지 않는 종도 많은데, 무리를 지어 생활하는 동물처럼 규칙이 필요한 경우에는 수컷의 역할이 매우 중요하다.

14.
우두머리 수컷 고릴라는 왜 육아휴직을 내고 새끼들을 돌볼까?

포유동물은 '육아 방법'을

본능이 아닌

지능에 맡겼다.

고릴라는 수컷이 육아를 전담한다는데?

인간과 가까운 고릴라는 수컷이 육아를 전담하는 것으로 알려져 있다. 고릴라는 수컷 한 마리가 우두머리가 되어 여러 암컷을 거느리며 무리를 이룬다. 일단 어린 새끼를 돌보는 것은 어미의 몫이다.

갓 태어난 새끼 고릴라는 몸무게가 200그램 정도로 매우 작기 때문에, 세 살 때까지 젖을 먹으며 엄마 품에서 어리광을 부린다. 이처럼 새끼가 어릴 때는 어미가 줄곧 품에 안고 애정을 듬뿍 쏟는다.

그러다가 젖 뗄 무렵이 되면 수컷 고릴라가 육아를 맡는다. 어미는 수컷 고릴라 곁에 새끼를 두고 볼일을 보러 다닌다. 고릴라 무리에는 암컷이 여러 마리 있어, 다른 암컷 고릴라도 마찬가지로 새끼를 데리고 온다. 따라서 수컷 고릴라 주위에는 새끼 고릴라가 바글바글 몰려 있다. 마치 유치원 같은 풍경이다. 이렇게 몰려든 새끼들은 수컷 고릴라 곁에서 어울려 논다.

수컷 고릴라는 새끼들을 뒤치다꺼리하지 않는다. 새끼들이 노는 모습을 그저 지켜볼 따름이다. 그러다가 새끼들이 티격태격 싸움을 시작할라치면 심판처럼 끼어들어 중재에 나선다. 수컷 고릴라의 중재는 평등하다. 나이가 어린 새끼와 공격받은 쪽의 새끼를 보호한다. 이러면서 새끼 고릴라들은 고릴라 무리의 규칙과 사회성을 배운다.

우두머리 수컷 주위에 모인 새끼들은 모두 아비가 같다. 그래서 수컷 고릴라는 편애하지 않는다. 어미는 아무래도 자기 새끼 편을 들 수밖에 없다. 각자 제 새끼 편을 들면 무리가 잠잠할 날이 없기에 수컷 고릴라가 새끼들을 돌보는 것이다. 그리고 새끼들은 수컷 고릴라 아래에서 '사회의 규칙'을 몸으로 익힌다.

이렇게 성장한 새끼들은 어미와 아비 사이를 왔다 갔다 한다. 마치 '어리광'과 '자립' 사이를 오가는 사춘기 청소년과 같다. 그리고 새끼들은 어미의 잠자리가 아닌 아비의 침대에서 자고, 더 성장하면 아비 근처에 잠자리를 마련한다. 고릴라가 자기 잠자리를 만드는 것은 자립했다는 증거다.

고릴라는 성체가 되는 데 10~15년 정도 걸린다. 포유동물 중에서 상당히 긴 편에 속한다. 이렇게 긴 세월에 걸쳐 천천히 새끼를 기르는 것은 고릴라가 새끼를 지킬 힘이 있다는 방증이기도 하고, 어른이 되기 위해서는 배울 것이 많다는 뜻이기도 하다.

사람 손에서 자란 동물원의 고릴라는 새끼를 돌볼 줄 모른다고?

사람의 손에서 자란 동물원의 고릴라는 새끼를 돌볼 줄 모른다는 말이 있다. 고릴라의 육아는 복잡해서 부모의 보살핌을 받고 자라야만 고릴라 세계의 육아를 소화할 수 있다. 따라서 새끼 고릴라는 부모의 보살핌을 받으며 자라야만 비로소 온전한 고릴라가 될 수 있다.

새끼는 부모의 보살핌을 받으면서 '부모'라는 존재를 인식하고 부모도 육아를 통해 부모가 되어간다. 부모에게 육아는 경험이며 지능으로 학습해야 하는 일이다.

새는 새끼를 돌보는 법이 본능에 프로그램되어, 배우지 않아도 나뭇가지를 그러모아 둥지를 짓고, 알을 품을 줄 알며, 부지런히 먹이를 모아 새끼들의 입에 넣어준다.

포유동물은 새와 비교해 '지능'을 훨씬 정교하게 활용하는 기술을 터득했다. 따라서 육아도 지능으로 학습하지 않으면 불가능하다.

새끼 원숭이를 안고 소꿉놀이해본 원숭이가 육아도 잘한다?

아이들은 노는 게 일이다. 아이들은 어른 흉내 내는 놀이를 무척 좋아한다. 엄마를 흉내 내 소꿉놀이를 하고, 엄마 손을 잡고 지하철을 타고 나들이 갔다 온 날에는 역에서 만난 역무원 아저씨를 흉내 내기도 한다. 어른 흉내를 내며 전화 거는 시늉을 하거나 장난감 자동차를 운전하며 놀기도 한다.

흉내 내기 놀이는 비단 인간만의 전유물이 아니다. 암컷 원숭이도 어느 정도 자라면 새끼 원숭이에게 관심을 보이고 품에 안고 보듬고 싶어 한다. 이처럼 새끼 원숭이를 안고 소꿉놀이를 해본 경험이 있는 원숭이는 자기 새끼가 태어나면 서툴게나마 돌보지만, 그런 경험이 없는 원숭이는 자기 새끼를 돌볼 줄 모른다. 동물원의 원숭이도 마찬가지다. 흉내 내기 놀이는 말하자면 모방 연습인 셈이다.

포유동물 새끼들은 어른을 흉내 낸다. 포유동물에게 가

장 중요한 육아 기술도 놀이를 통해 배운다. 인간 세계에서는 젊은 여성이 인기 있지만, 침팬지 세계에서는 성숙한 중년 암컷이 더 인기 많다. 젊은 암컷은 새끼를 돌본 경험이 없기 때문이다.

많은 생물이 본능적으로 '육아'를 한다. 인간이 자기 아이에게 보이는 애정도 본능에 따르는 부분이 있겠지만, 포유동물은 '육아 방법'을 본능이 아닌 지능에 맡겼다. 그래서 포유동물 새끼들이 경험과 학습으로 살아가는 기술을 터득하듯, 부모도 경험과 학습으로 육아 기술을 익히는 시스템이 갖추어졌다.

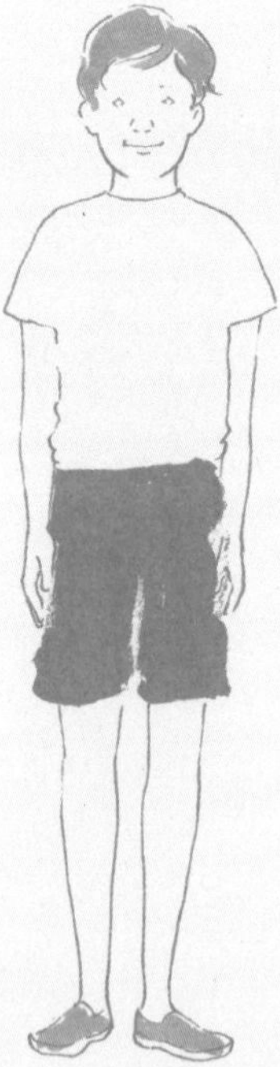

③ 장

키 큰 기린과 덩치 큰 코끼리 중 어느 동물이 더 클까?

15.
도꼬마리가 자기 열매 속에 바로 싹을 틔우는 '급한 성격의 씨앗'과 좀처럼 싹을 틔우지 않는 '느긋한 성격의 씨앗'을 동시에 키우는 기상천외한 이유는?

도꼬마리 열매는 성격이 다른 두 개의 씨앗을 품고 있다.

성격이 다른 두 종류의 씨앗을 준비하는 도꼬마리의 선택이 매우 영리한 전략인 까닭

혹시 '도꼬마리'라는 풀을 알고 있는가? 어디서 따라왔는지, 뾰족뾰족한 열매가 옷에 붙어 떨어지지 않는다고 하여 '도깨비풀'이라는 별명이 붙었다. 참고로, 같은 국화과 풀인 도깨비바늘과는 다른 종이다. 도꼬마리 열매는 알아도 이 열매의 속이 어떻게 생겼는지 본 사람은 많지 않을 것이다.

도꼬마리 열매 속에는 길쭉한 씨앗과 짤막한 씨앗이 각각 하나씩 들어 있다. 이 두 개의 씨앗은 성격이 다르다. 긴 씨앗은 바로 싹을 틔우는 급한 성격인 반면, 짧은 씨앗은 좀처럼 싹을 틔우지 않는 느긋한 성격이다. 그렇다면 성질 급한 씨앗과 느긋한 씨앗 중 어느 것이 더 우수할까?

물론 알 수 없다. 어쩌면 선착순으로 일찍 싹을 틔우는 쪽이 생존 경쟁에서 승리할 수도 있다. 다른 식물보다 먼저 싹을 틔우면 좋은 환경과 양분을 선점해 유리할 수 있기 때문이다.

그러나 빨리 싹을 틔운 자리가 환경이 갖추어지지 않았을 수도 있다. 빨리 싹을 틔웠다가 재수 없게 인간의 눈에 띄어 뽑혀나갈 수도 있다. 이처럼 싹을 빨리 틔우는 게 좋을 수도 있고 늦게 틔우는 게 나을 수도 있다. 그래서 도꼬마리는 두 종류의 씨앗을 준비해 각각의 씨앗에 다른 '성격'을 부여했다. 생존 전략으로 '성격'을 택한 것이다.

민들레는 잎 모양이 다양한데 꽃 색깔이 모두 노란색인 생물학적 이유

성장이 빠른 아이와 성장이 늦은 아이가 있다. 몸집이 큰 아이와 몸집이 아담한 아이가 있다. 작업 속도가 빠른 아이와 작업 속도가 느린 아이가 있다. 무엇이든 빨리 터득하는 아이와 배우는 속도가 느린 아이가 있다. 과연 어느 쪽이 나을까?

도꼬마리의 답은 정해져 있다. 어느 쪽이 나은지 정할 수 없다는 것이다. 어느 쪽이 나은지 정할 수 없다면 둘 다 두면 된다.

자연계의 생물이 이처럼 제각기 다른 성질을 지니는 경우를 흔히 볼 수 있다. 도꼬마리와 같은 풀은 일찍 싹을 틔우거나 늦게 싹을 틔우거나 다양한 모습이다. 뽑아도 뽑아도 나는 지긋지긋한 잡초는 그렇게 해서 살아남았다. 언제 싹을 틔우면 좋을지 답을 알 수 없다. 정답이 없는 문제에 자연계의 생물은 '다양성'으로 대처했다.

민들레 잎은 깔쭉깔쭉 날카로운 톱니 모양이 많은 잎과 톱니 모양이 적은 잎 등 모양이 다양하다. 이유는 알 수 없다. 그러나 잎 모양이 불규칙한 데는 나름의 이유가 있지 않을까? 톱니 모양이 적은 잎은 볕이 닿는 면적이 넓을 수 있다. 톱니 모양이 많은 잎은 잎 전체에 수분이 골고루 공급되어 유리할 수 있다. 이유는 알 수 없으나, 잎 모양에 개성이 있다는 것은 그 나름의 의미가 있다는 뜻이다.

한편 잎 모양이 제각기 개성을 뽐내도 민들레꽃 색에는 개성이 없다. 민들레는 하나같이 노란 꽃을 피운다. 왜 민들레꽃은 노란색뿐일까? 민들레꽃은 등에와 같은 곤충을 불러들인다. 등에와 곤충들은 노란 꽃에 끌리는 특징이 있기 때문에 민들레는 노란색 꽃을 피우는 것이다.

민들레꽃은 노란색이 정답이다. 정답이 있으면 불규칙성

이 없다. 제각기 다른 개성을 지녔다는 것은 무엇이 정답이고 무엇이 더 나은지 알 수 없다는 뜻이다.

생물이 진화한 결과 획득한 또 하나의 전략, '불규칙성'

인간의 손가락은 엄지, 검지, 장지, 약지, 새끼손, 이렇게 다섯 개다. 어린이든 어른이든 손가락 수는 같다. 아기가 태어나면 부모는 가장 먼저 아기의 손가락과 발가락을 세어 본다. 갓 태어난 아기도 손가락은 다섯 개다. 성장함에 따라 손가락 개수가 늘어나지 않는다. 어른이나 어린이나 손가락은 다섯 개인 게 편리하다. 그래서 인간의 손가락은 다섯 개라고 정해져 있다.

눈은 누구나 두 개다. 성장하더라도 눈 개수가 증가하지 않는다. 그러나 얼굴은 사람마다 다르게 생겼다. 손가락 굵기와 길이에도 개성이 있다.

몸집이 큰 사람도 있고 몸집이 작은 사람도 있다. 인간의 몸 크기는 클수록 유리할 때도 있고 작을수록 유리할 때도 있다. 큰 사람만 있는 집단이나 작은 사람만 있는 집단보다 큰 사람과 작은 사람이 섞여 있는 집단이 더 다양한 일을 할 수 있다. 그래서 인간의 몸 크기는 사람에 따라 다르다.

생물은 기나긴 세월에 걸쳐 진화를 거듭했다. 인간도 마찬가지다. 긴 진화 과정에서 인간은 삶에 적합한 형태로 진화했다. 손가락 개수는 다섯 개라고 정해져서 진화한 반면, 몸 크기는 큰 사람과 작은 사람이 있도록 제각기 다른 크기로 진화했다. '불규칙성'도 생물이 진화한 결과 획득한 전략이다.

16.
숫자를 무한대로 처리하는 컴퓨터를 개발한 인간의 뇌는 왜 숫자가 많아지면 혼란스러워할까?

뇌는 본질적으로 '많은 숫자'에 약하다.

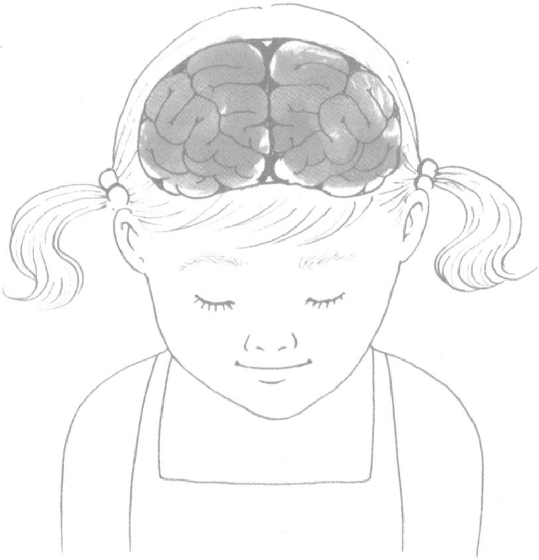

생물은 불규칙성이 전략인데 인간의 뇌는 왜 불규칙에 약할까?

생물의 성장 속도나 모양은 제각기 다르다. 빨리 성장하는 사람이 있는가 하면 천천히 성장하는 사람도 있고, 크게 성장하는 사람이 있는가 하면 크게 성장하지 않는 사람도 있다.

이 불규칙성이 '생물의 전략'이다. 그런데 인간의 뇌는 이 불규칙성을 허용할 수 없다.

무엇보다 인간의 뇌는 복잡한 일에 약하다.

조지 밀러(George Miller)의 '매직 넘버 7법칙(The Magical Number Seven, Plus or Minus Two)'이라는 것이 있다. 인간이 한 번에 기억할 수 있는 수는 일곱 개라는 주장이다. 그렇다면 이 주장이 사실일까?

다음 그림을 잘 기억하자. 제한 시간은 30초다.

앞의 그림과 비교해 없어진 것은 무엇일까?

답은 달마인형이다. 고작 열 개뿐인데도 외우지 못해 자괴감이 들지 않는가?

그럼 숨을 크게 들이쉬었다가 내뱉은 다음, 마음을 가다듬고 다시 도전해보자.

그림이 일곱 개 이상이지만 이번에는 순조롭게 기억한 사람이 많을 것이다. 그림 전체가 '모모타로'라는 일본 전래 동화에 나오는 요소로 구성되어 있기 때문이다. 이렇게 관련성으로 정리할 수 있다면 뇌는 가까스로 일곱 개 이상의 그림을 기억할 수 있다.

'숫자가 많아지면' 갈피를 잡지 못하고 헤매는 인간의 뇌

그림이 어렵다면 숫자는 어떨까? 다음 숫자를 기억해보자. 제한 시간은 5초다.

4

3

7

세 개는 너무 쉬운가?

그러면 다음을 보자. 이번에도 제한 시간은 5초다.

5

1

8

9

2

이번에도 식은 죽 먹기였을까?

그렇다면 다음 문제를 풀어보자. 제한 시간은 5초다.

2

6

3 4

3

5

1

9

세 문제 중 각각의 문제에서 몇 개나 기억했는가? 처음 두 문제는 간단히 기억할 수 있다. 그러나 세 번째 문제부터는 만만치 않다.

잠시 기억을 더듬어보자. 세 번째 문제에 나온 숫자는 몇 개였을까? 고작 여덟 개다.

인간은 컴퓨터를 만들어낼 수 있는 존재다. 그런 인간의 뛰어난 두뇌라면 100개든 1만 개든 1억 개든 이해할 수 있어야 하지 않을까? 그러나 실제로 우리 뇌는 양손, 다시 말해 열 손가락으로 셀 정도의 숫자를 파악하는 것도 애를 먹는다.

우리 뇌는 본질적으로 '숫자가 많아지면' 갈피를 잡지 못하고 헤매는 경향이 있다.

인간의 뇌가 한 줄로 순서를 매겨 정리하는 방법을 선호하는 이유

준비된 문제가 단어(그림)라면 인간의 뇌는 이야기 줄거리를 정리해서 내용을 이해할 수 있다. 그렇다면 숫자는 어떨까?

예를 들어 다음과 같은 숫자라면 어떨까?

6 2 4 3 5 1 9 3

이렇게 불규칙한 숫자를 한 줄로 세우고 외우라고 하면 머리에 쥐가 난다.

이어서 다음 숫자를 외워보자.

1 2 3 3 4 5 6 9

이번에는 숫자가 작은 순서대로 정렬되어 있다. 그러면 '3'이 두 개 있고, 1부터 9까지 숫자 중에서 '7'과 '8'이 없다는 등 다양한 정보를 이해할 수 있다. 이렇게 나름대로 규칙에 따라 정렬하거나 순서를 매겨서 정리하면 인간의 뇌는 '많다'는 개념을 좀 더 쉽게 이해할 수 있다.

인간의 뇌는 한 줄로 순서를 매겨서 정리하는 방법을 선호한다. 마치 학교에서 성적 순으로 등수를 매기는 것과 비슷하지 않은가?

17.
키 큰 기린과
덩치 큰 코끼리 중
어느 동물이 더 클까?

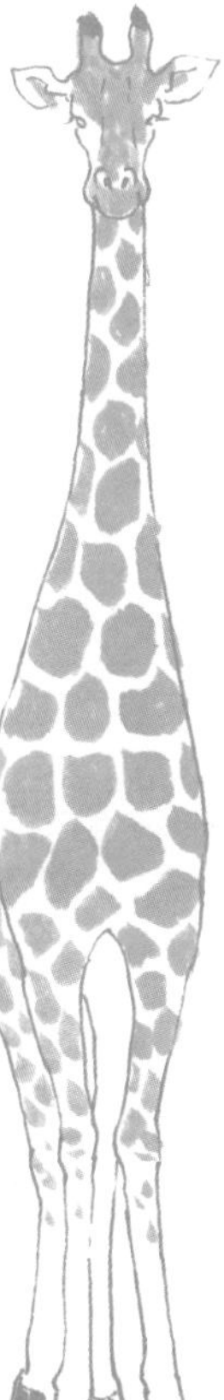

안타깝게도

인간 사회는

불규칙성을

좋아하지 않는다.

복잡한 것을 싫어하는 뇌가 이해하기 쉽도록
인간의 뇌가 스스로 고안한 추상적 개념, '평균값'

생물 세계는 불규칙성이 지배한다. A라는 생물과 B라는 생물 각각 다섯 마리의 개체가 있을 경우, A와 B 중 어느 쪽이 클까? 각각의 무게를 재보자. A라는 생물의 무게는 각각 3kg, 8kg, 2kg, 4kg, 2kg이고, B라는 생물의 무게는 각각 5kg, 4kg, 3kg, 4kg, 5kg이다. 그렇다면 어느 생물이 더 클까?

무게를 재는 방식으로는 어느 쪽이 더 큰지 알쏭달쏭하다. 그래서 인간은 뇌가 이해할 수 있도록 '평균값'이라는 추상적인 개념을 만들어냈다.

A라는 생물의 무게 평균값은 3.8kg이고 B라는 생물의 무게 평균값은 4.2kg이다. 이렇게 평균값을 구하면 B가 더 크다는 사실을 알 수 있다. 인간은 평균값을 발명함으로써

A와 B를 비교할 수 있게 되었다. 그렇다면 정말로 B가 더 클까? B의 평균값이 더 크지만, A 중에 더 큰 개체도 있고 B 중에 더 작은 개체도 있다.

A는 소형견이고 B는 고양이라고 가정하자. 개와 고양이의 몸무게를 비교해서 정말 크기 차이를 알 수 있을까? 애초에 개와 고양이를 비교하는 것이 무슨 의미가 있을까?

평균값은 편리하긴 하지만, 어차피 그 정도의 개념이다.

호랑이, 사자, 고릴라 중에서 가장 강한 동물은?

다음 그림에서 가장 큰 동물은 무엇일까? 코끼리일까? 아니면 기린일까? 코끼리보다 기린의 키가 더 크다.

이 동물들을 크기 순서대로 정렬할 수 있을까? 코뿔소, 하마, 버펄로, 고릴라 중에서 누가 가장 클까? 애초에 크기의 기준은 무엇일까? 키일까, 아니면 몸무게일까? '높이'도 '길이'도 '무게'도 그저 하나의 지표에 지나지 않는다. 단 하나의 지표로 비교할 수는 없다.

질문을 바꿔보자. 이 중에서 가장 강한 동물은 무엇일까? 호랑이일까? 사자일까? 아니면 고릴라일까? 굳이 따지자면 호랑이와 사자와 고릴라는 서식지가 달라 싸울 일이

없다. 만약 어딘가에서 맞닥뜨리더라도 동물은 불필요한 싸움을 피하려 하기에 서로 싸우지 않을 가능성이 크다.

애초에 '강하다'는 개념은 무엇일까? 사막의 건조한 기후에 강한 동물은 낙타이고, 추위에 강한 동물은 북극에 사는 백곰이다.

다시 질문을 바꿔보자. 가장 똑똑한 동물은 무엇일까? 고릴라일까, 아니면 돌고래일까? 고릴라와 돌고래 중 어느 동물이 더 똑똑한지 비교하면 그만일까? 애초에 고릴라와 돌고래를 비교할 필요가 있을까?

어느 쪽이 더 큰지, 어느 쪽이 더 강한지, 어느 쪽이 더 똑똑한지 알 수 없다. 사실 어느 쪽이 더 크든, 어느 쪽이 더 강하든, 어느 쪽이 더 똑똑하든 상관없다. 그런데도 인간은 비교하고 싶어 하는 경향이 있다. 그리고 비교하기 위해 지표를 만들어낸다. 이것은 인간의 뇌가 가진 습성이다.

인간은 왜 불규칙성이 지배하는 생물 세계에 자꾸 규칙성을 부여하려 할까?

인간의 뇌는 복잡한 개념을 정리해서 이해하려는 경향이 있다. 그래서 평균값을 구하거나 비교한다. 그러나 인간의 뇌는 자신들이 만든 '평균치'를 정답이라고 숭배하는 습성이 있어 문제다.

생물의 세계는 불규칙성이 지배한다. 불규칙성이 생물의 가치다. 그러나 '숫자가 많아지면' 한없이 약해지는 인간의 뇌는 그런 상황이 못마땅해 불규칙한 생물을 가지런하게 정리하려 안간힘을 쓴다.

가령 인간이 재배하는 채소는 모양이나 크기가 고르지 않고 들쭉날쭉하면 곤란하다. 같은 시기에 싹을 틔우고, 같은 시기에 수확할 수 있는 작물이 재배하기에 편리하다. 크기가 비슷해야 상자에 담기 좋고 가지런하게 진열해 판매하기 편리하다. 그래서 최대한 불규칙성을 배제하는 방향으로 채소를 개량했다.

인간도 생물이어서 자연계 생물과 마찬가지로 다양한 사람이 존재한다. 각기 개성이 달라 우열을 가릴 수 없다. 오히려 제각기 다르기에 더 가치가 있다. 그런데 안타깝게도 인간 사회는 불규칙성을 좋아하지 않는다. 그리고 애석하게도 마치 채소를 관리하듯 자기 자신까지 규격 틀을 벗어나지 않도록 욱여넣어 획일적인 사회에서 애쓰며 살아간다.

18.
'평범한 개는 존재하지 않는다'라는 말의 의미는?

평균값도 표준 점수도

인간이 편리하게 이해하기 위해 사용하는 도구일 뿐이다.

평범한 사람도 평범한 생물도 존재하지 않는다?!

평균값이라는 편리한 도구를 만들어낸 인간이 즐겨 사용하는 말이 있다. 바로 '평범하다'이다. 그런데 평범하다는 것이 무슨 의미일까? 평범한 개란 어떤 개이고, 평범한 꽃이란 어떤 꽃이며, 평범한 나무란 어느 정도 높이일까? 그리고 평범한 얼굴은 어떤 얼굴일까?

자연계는 다양성으로 충만하다. 자연계는 다른 것투성이다. 그런데 우리는 평균에 가까운 존재를 포착해 평범하다고 말한다. 그리고 평균값을 사랑하는 우리의 뇌는 '평범하다'라는 말에서 이루 말할 수 없는 편안함을 느낀다. 그러나 자연은 평범하지 않다. 평범함은 신기루 같은 존재다. 평범함이 실체가 없는 환상의 존재라면 평범하지 않은 존재도 없다.

'평범한 사람'이라는 말을 자주 하는데, 어떤 사람이 평범한 사람일까? '평범하지 않다'는 말은 어떤 의미에서 사용하는 것일까? 자연계에서는 하나하나가 다른 존재다. 자연계에는 평균도 평범함도 없다.

사람의 얼굴은 제각기 다르다. 우리는 한 사람 한 사람 모두 다른 존재다. 평범한 사람 따위는 존재하지 않는다. 평범하지 않은 사람도 존재하지 않는다. '평범하다'라는 개념을 눈으로 확인하려고 구석구석 샅샅이 뒤져도 찾아낼 수 없다.

아기의 성장 발육 곡선 그래프가 위험한 이유

아기의 성장 정도를 보여주는 발육 곡선이라는 그래프가 있다. 이 발육 곡선에는 평균값과 그 값에 가까운 너비가 표시되어 있다. 아기의 키와 몸무게가 이 너비 안에 들어가면 '평범하다'고 할 수 있다. 발육 곡선에도 나름대로 의미는 있다. 그러나 나는 자녀를 키울 때 이 발육 곡선에 휘둘린 게 자못 후회스럽다.

발육 곡선보다 숫자가 커지면 평범한 아이보다 뚱뚱하다고 생각해 혹시 소아비만이 되지 않을까 가슴 졸이며 마음을 모질게 먹고 계량 스푼에 담긴 분유를 덜어냈다. 그리고 발육 곡선보다 숫자가 작으면 다른 아이보다 성장이 늦을까 걱정스러워 애태우며 먹지 않으려는 아이의 등을 토닥토닥 두드리고 젖병을 이리저리 돌려가며 한 모금이라도 더 먹이려 애썼다.

어느 날은 분유를 줄였다가 또 어느 날은 갑자기 배 터지도록 먹이는 바람에 아이는 어느 장단에 맞춰야 할지 몰라 답답해하며 부모를 원망하지 않았을까?

발육 곡선

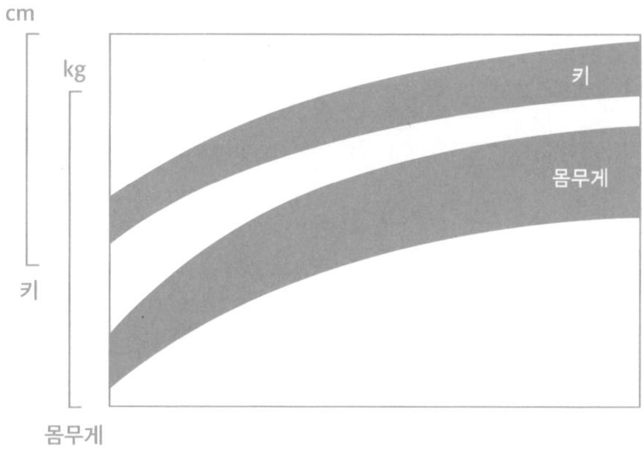

생물계가 생존을 위해 선택한 두 가지 전략, '불규칙한 성장 분포'와 '고르지 않은 능력 분포'

평균값이라는 개념은 상당히 편리한 도구다. 아기일 때 발육 곡선으로 평균값과 비교당한 것을 시작으로 줄곧 비교당하며 살아간다. 인생은 비교의 연속이라고 할 수 있다.

아이의 키는 자로 재어 센티미터로 나타내고, 아이의 몸무게는 체중계로 재어 킬로그램으로 나타낸다. 그러나 키나 몸무게만으로는 부족해, 아이의 성장을 비교하기 위해 더욱 다양한 단위와 지표를 만들어냈다.

인간이 만들어낸 편리한 도구가 '표준 점수'다. A는 학교 시험에서 80점을 받았고 B는 학교 시험에서 70점을 받았다. A와 B 중 어느 학생이 더 우수할까? 당연히 80점을 받은 A가 더 우수해야 하는데, 상황은 그리 간단하지 않다. A가 치른 시험과 B가 치른 시험이 다르기 때문이다. A가 다니는 학교 시험은 쉽고 B가 다니는 학교 시험은 어려울 수도 있다. 그래서 '표준 점수'라는 개념이 등장했다.

A가 치른 시험의 평균 점수는 85점이고, B가 치른 시험의 평균 점수는 50점이었다면 평균값을 훨씬 웃도는 점수를 받은 B가 더 우수하다고 할 수 있다. 평균값이 같다면 어떻게 될까? A가 치른 시험 평균 점수도 50점이고, B가 치른

시험 평균 점수도 50점이라면 80점을 받은 A가 더 우수하다고 할 수 있을까? 이번에도 대답은 그리 간단하지 않다. 여기서는 '분포'가 중요하다. A가 치른 시험은 100점인 학생도 있고, 0점인 학생도 있어 점수 분포가 큰 반면, B가 치른 시험은 대다수 학생이 50점에 가까운 점수를 받았다. 그리고 70점을 받은 B는 학교에서 1등을 했다.

이처럼 전체 분포를 고려해서 정규 분포를 만들고, 그 분포 안에서 어느 위치인지 나타낸 점수를 '표준 점수'라고 한다. 그러나 이 표준 점수에도 문제는 있다. 100점을 받아도 표준 점수가 높지 않아 억울한 학생이 있을 수 있다. 표준 점수는 평균 점수인 학생이 50이 된다. 만약 모두 80점이라면 모든 학생의 표준 점수는 50점이다. 만약 50명이 시험을 쳐서 49명이 80점이고 B만 81점을 받았다면, B의 표준 점수는 120점이라는 황당할 정도로 높은 수치가 된다. 그렇다면 81점을 받은 B는 그 정도로 우수할까?

평균값도 표준 점수도 모두 다른 사람과 비교해서 정해진다. 평균값도 표준 점수도 그 정도 개념이다. 모든 것이 인간이 편리하게 이해할 수 있어서 사용할 뿐이다.

이 '불규칙한 성장 분포'와 '고르지 않은 능력 분포'는 우리 생물이 생존을 위해 선택한 전략이다.

19.
민들레 등의 식물이
솜털 같은 홀씨를 이용해
씨앗을 최대한 멀리 날려 보내기 위해
노력할 수밖에 없는 까닭은?

아이의 어린 시절은

부모가 자란 시대와 다르다.

민들레 씨앗이 부모 식물 근처에 떨어지면
부모 식물이 가장 위협적인 존재가 된다고?!

민들레는 바람을 통해 씨앗을 퍼뜨린다. 그렇다면 민들레는 무엇을 위해 씨앗을 흩날릴까? 한 가지 이유는 분포를 확산시키기 위해서다. 식물은 움직일 수 없지만, 평생 두 번 이동할 기회가 있다.

첫 번째는 꽃가루 이동이다. 꽃가루는 바람을 타고 이동하거나 꿀벌 등의 곤충에게 묻어가서 다른 꽃과 수분이 이루어진다. 이러한 이동으로 다른 식물과 교배할 수 있다. 두 번째는 씨앗이다. 분포를 넓힐 기회는 씨앗일 때밖에 없어서, 식물은 다양한 방법을 궁리해 씨앗을 이동시킨다. 민들레처럼 바람으로 씨앗을 이동시키는 식물도 있고, 도꼬마리나 도깨비바늘처럼 갈고리 형태로 인간의 옷가지와 동물의 털에 붙어 씨앗을 이동시키는 식물도 있다.

이처럼 식물은 다양한 노력으로 씨앗을 이동시킨다. 그러나 멀리 여정을 떠나는 씨앗이 생육에 적합한 땅에 무사히 당도한다는 보장은 없다. 확률이 낮음에도 굳이 씨앗을 떠나보내는 이유는 무엇일까? 식물은 단순히 분포를 확장하기 위해 씨앗을 이동시키는 게 아니다. 더 중요한 또 다른 꿍꿍이가 있다. 바로 부모 식물로부터 독립하기 위해서다.

만약 부모 식물 근처에 씨앗이 떨어진다면 작은 새싹에 가장 위협적인 존재는 부모 식물이 될 것이다. 부모 식물이 가지를 무성하게 드리우면 그늘이 생겨 겨우 싹을 틔운 새싹은 충분한 빛을 공급받지 못한다. 또 땅속의 물과 영양분도 부모 식물이 빨아들여 빼앗아간다.

부모 식물은 새로 싹을 틔우는 어린 식물에 걸림돌 같은 존재다. 그래서 식물은 부모 곁에서 먼 곳에 씨앗이 떨어지도록 다양한 방법을 연구해왔다.

식물이 씨앗을 최대한 먼 곳으로 보내려는 생물학적 이유

또 다른 이유도 있다. 부모 식물은 그 자리에서 터줏대감으로 성공해 큰 열매를 맺었다. 그러나 자식들이 마찬가지로 대를 물려 성공한다는 법은 없다. 부모 식물과 어린 식물은 자라는 시기와 환경, 상황이 다르다. 자녀 시대는 부모가 자란 시대와 다르다. 완전히 같은 시대는 없다.

지금까지 생육에 적합하던 장소가 환경이 바뀌며 불모지가 될 수도 있고, 여태까지 볼품없던 장소가 생육에 적절한 공간으로 탈바꿈할 수도 있다. 식물의 서식 환경은 언제나 변화한다. 그래서 식물은 씨앗을 새로운 곳으로 멀리 떠나보낸다. 자녀 세대는 새로운 시대에 새로운 장소에서 성장하는 게 더 낫다는 것을 알고 있기 때문이다.

민들레는 왜 꽃을 다 피운 뒤
스스로 줄기를 쓰러뜨려 땅바닥에 누울까?

식물은 꼼짝 못 하고 제자리에 못 박히듯 있어야 하는 존재라는 인식이 있다. 하지만 알고 보면 식물도 나름대로 꼼지락꼼지락 움직일 수 있다. 민들레는 줄기를 똑바로 뻗어 꽃을 피우는데, 꽃이 다 피면 줄기를 쓰러뜨려 땅바닥에 눕는다. 바닥에 납작 엎드리는 이유는 알 수 없다. 꽃이 다 피고 씨앗이 여무는 동안 씨앗을 바람과 천적으로부터 지키기 위해서일 거라고 추정할 뿐이다.

민들레는 씨앗을 바람에 실어 보낸다. 날아가버린 씨앗에 부모 식물이 해줄 수 있는 것은 아무것도 없다. 부모 민들레는 먼 고장에서도 야무지게 싹을 틔울 수 있도록 속이 꽉 찬 씨앗을 만들어내는 일밖에 할 수 없다.

씨앗이 여물 때가 되면 민들레 줄기는 다시 기지개를 켜고 벌떡 일어선다. 그리고 신기하게도 꽃이 피었을 때보다 더 높이 힘껏 발돋움해서 줄기를 뻗는다. 바람을 받아 씨앗을 조금이라도 더 멀리 날려 보내기 위해서다. 아기 민들레들은 드넓은 하늘로 높이 날아갈 수 있는 보송보송한 솜털을 가지고 있다. 스스로 싹을 틔우고 성장하는 힘도 가지고 있다. 그런 자식을 위해 부모 식물은 줄기를 높이 뻗는 일밖에 해줄 수가 없다.

이윽고 바람이 불면 민들레 씨앗은 여행을 떠난다. 부모 식물이 보지 못한 새로운 곳으로 둥실둥실 나풀나풀 날아간다.

20.
새끼를 살뜰히 돌보던 여우가 갑자기 돌변해서 무섭게 구는 이유는?

어미 여우는 새끼를 위협하고 공격한다.

인간보다 더 인간적인 여우의 출산과 육아법

생물이 부모 곁을 떠나는 것은 어떤 의미일까? 또 새끼와 정을 떼는 부모의 마음은 어떨까? 육식 동물의 독립과 정 떼기는 애절한 한 편의 서사시와 같다. 여우의 경우를 보자.

여우는 정이 깊은 동물이다. 옛날이야기에는 둔갑해서 사람을 홀리는 요망한 동물로 나오지만 실제로는 가족애가 끈끈하다. 여우는 새끼를 낳을 때가 가까워오면 굴을 깊이 파고 보금자리를 만든다. 그리고 어미 여우는 굴 안에서 출산 준비를 시작한다. 산실에 틀어박힌 암컷을 위해 수컷은 부지런히 먹이를 나른다. 새끼가 태어나도 수컷은 굴 안으로 들어갈 수 없다. 수컷 여우가 새끼를 보고 싶어 굴 옆에서 살금살금 눈치를 살피는 모습을 관찰하고 있노라면 부인의 심기를 거스를까 봐 눈치 보는 남편과 같다.

암컷이 출산을 마치면 수컷은 암컷을 위해 성실하게 먹이를 나른다. 여우는 쥐와 토끼를 주로 잡아먹고 산다. 그러나 먹이를 구하는 것은 고된 노동이다. 여우는 먹이가 풍부한 산골에서도 1제곱킬로미터의 영역이 필요하다. 먹이가 적은 곳에서는 영역이 50제곱킬로미터에 달하기도 한다. 수컷 여우는 가족의 입에 넣어줄 먹이를 구하기 위해 넓은 영역을 부지런히 뛰어다닌다.

그러나 눈치가 빠르고 민첩한 쥐나 산토끼는 쉽게 잡히지 않는다. 그래서 여우는 고도의 사냥 기술이 필요하다. 기본적인 사냥은 점프다. 몰이식 사냥은 쉽지 않아, 예나 지금이나 숨죽여 기다리다가 단숨에 껑충 뛰어올라 위에서 먹잇감을 덮치는 방식으로 사냥한다. 참으로 우아한 기술을 선보이는 특수한 사냥이다.

먹이를 발견한 여우는 사냥감이 도망치지 못할 정도 거리에서 숨이 넘어갈 듯 나뒹굴고 몸부림치며 혼신의 연기를 펼친다. 그 연기에 홀린 쥐와 토끼는 호기심에 이끌려 도망치는 것도 잊고 바라본다. 그러면 몸부림치던 여우는 조심조심 거리를 좁혀 불시에 먹잇감을 덮친다. 죽은 척해서 사냥감을 방심하게 만드는 전략은 고도의 연기력이 동반되어야 한다.

물새 등을 사냥할 때는 수초와 잡초 등을 몸에 휘감아 위장하고 기척을 숨긴 채 다가간다. 고도의 지능이 필요한 사냥이다.

이렇게 정교한 사냥을 하려면 높은 수준의 학습이 필요하다. 태어나서 석 달이 지날 무렵이면 부모 여우는 새끼를 데리고 굴 밖으로 나들이를 시작한다. 그리고 사냥 방법 등 살아가는 데 중요한 기술을 차근차근 가르친다.

다정다감하던 여우가 갑자기 돌변해서 새끼에게 먹이를 주지 않고 굶기는 이유

마침내 사냥 방법을 가르치면 아빠 여우는 새끼들에게 먹이를 날라주지 않는다. 배가 고파야 먹이를 찾아 나서는 법, 아빠 여우는 일부러 새끼들을 굶겨 자립을 독려한다.

새끼가 배를 곯든 말든 냉정하게 모른 체하는 것은 아니다. 집 근처에 먹이를 숨겨두고 새끼들이 스스로 찾도록 유도한다. 엄한 것 같지만 알고 보면 사랑이 넘친다. 세심하게 보살피는 어미와 달리 투박하고 무심한 듯한 육아 방식이 참으로 아버지답다.

그러나 여름 끝자락이 되면 헤어져야 한다. 새끼들은 언제까지나 부모 곁에 머물 수 없다. 부모 품을 떠날 때가 되면 부모 여우는 새끼들을 매정하게 몰아낸다.

여우는 자식 걱정이 많은 동물이다. 정도 많고 새끼를 살뜰하게 돌본다. 어미 여우도 아비 여우도 새끼들에게 다정하다. 그리고 새끼들은 따뜻한 부모 품에서 마음껏 어리광을 부린다.

그러다가 모든 응석과 장난을 인자하게 받아주던 부모가 어느 날 갑자기 얼음장처럼 싸늘하게 변한다. 무슨 일인지 이해할 수 없어 당황한 새끼들은 부모의 눈치를 슬슬 살피며 부모 품으로 파고들려고 한다. 그러나 부모 여우는 그런 새끼들을 매몰차게 밀어낸다. 이빨을 드러내고 앙칼지게 위협하며 새끼들을 내쫓는다. 심지어 어미 여우가 새끼들에게 이빨을 들이대며 입질을 하기도 한다. 그런데도 새끼들은 좀처럼 부모 품을 떠나지 못한다. 새끼가 돌아올 때마다 부모 여우는 새끼를 위협하고 공격한다. 그러면 이윽고 새끼들은 포기하고 부모 품을 떠난다.

이것이 부모 여우가 새끼들과 정을 떼고 독립시키는 과정이다. 이를 위해 부모 여우는 새끼들에게 살아가는 기술을 가르친다. 새끼들도 언젠가 자신의 영역을 확보하고 부모가 될 터이다. 아낌없는 사랑을 주다가 어느 날 갑자기 냉정하게 정을 떼고 돌아서는 부모, 그것이 여우의 육아다.

인간의 육아 기간은 왜 다른 포유동물에 비해 유난히 길까?

어느 정도 시기가 되면 부모 품을 떠나야 한다. 여우의 육아는 불과 몇 개월이면 끝난다. 그런데 인간은 육아 기간이 무척 긴 동물이다.

포유동물이 새끼를 과보호한다고 해도 육아 기간은 대개 1년 이내이고, 길어야 2~3년이다. 사슴과 말 같은 초식 동물은 태어난 지 얼마 안 돼 스스로 일어나서 걸어다니는데, 인간은 일어나서 아장아장 걸음마를 하기까지 1년 정도 걸린다. 다섯 살이 되면 제 몸을 건사하고 독립한다니, 인간으로서는 도저히 생각할 수 없는 일이다. 인간의 경우에는 아이가 좀처럼 어른이 되지 못한다.

21.
인간은 '자녀가 부모를 돌보는' 유일한 생물이다?!

알고 보면 '느린 성장'은 인류가 선택한 전략이다.

인간의 어린 시절이 유난히 긴 이유는 ‘이족보행’ 때문이다?

인간은 어린 시절이 긴 동물이다. 거기에는 이유가 있다. 인간은 다른 동물에 비해 매우 미숙한 상태로 태어난다. 인간은 직립 이족보행 동물이다. 본래 사족보행이던 조상이 바야흐로 이족보행으로 진화했다. 이족보행으로 거대해진 뇌를 뒷받침할 수 있게 되었고 자유롭게 쓸 수 있는 두 손으로 도구를 다루게 되었다.

이족보행으로 인류는 마침내 인류가 되었다. 이족보행으로 인한 문제도 있다. 몸무게를 지탱하기 위해 골반 모양이 변화했고, 어머니가 아기를 낳는 산도가 좁아졌다. 인간이 다른 동물에 비해 고통스러운 출산 과정을 겪는 것은 그 때문이다.

아기도 좁은 산도를 통화하기 위해 작고 미숙한 상태로 태어난다. 그래서 눈도 보이지 않고 아장아장 걷지도 못하는 연약한 채로 태어나는 것이다.

150그램으로 태어나 3년 만에 훌륭한 어른 판다로 폭풍 성장하는 자이언트판다

인간의 몸에서 태어난 아기는 부모의 보호 없이는 아무것도 할 수 없는 무력한 존재다. 그러나 부모는 그런 미숙한 아기를 키울 수 있는 강인함과 능력을 갖추고 있다. 이렇게 해서 미숙한 아기의 육아가 시작되었다.

인간의 육아 기간이 긴 이유 중 하나로 미숙한 유아기를 꼽을 수 있다. 다른 이유로는 도저히 설명할 수가 없다. 미숙하게 태어나도 나중에 빨리 성장하면 어떻게든 만회할 수 있다. 가령 자이언트판다 새끼는 고작 150그램으로 태어나지만 쑥쑥 자라 3년이면 훌륭한 어른 판다로 성장한다. 말 그대로 폭풍 성장이다. 그리고 독립해서 부모 곁을 떠난다. 새끼 캥거루는 몸무게 1그램에 키도 2센티미터밖에 안 되는 크기로 태어난다. 그러나 어미 주머니 속에서 무럭무럭 자라 1년 안에 부모 품을 떠난다.

이러한 동물들은 임신 기간을 줄여 어미의 부담을 줄이고 작게 태어나 빨리 성장하는 육아를 선택했다. 새끼가 미숙하다고 해서 꼭 성장에 시간이 많이 걸리는 것은 아니다.

그런데 인간은 왜 이리도 성장이 더딜까?

인류는 왜 생존 전략으로 '느린 성장'을 선택했을까?

'느린 성장'은 인류가 선택한 전략이다. 포유동물은 살기 위해 지능을 발달시켰다. 그리고 지능을 발달시키기 위해 육아로 '배움'을 주고 '놀이'로 경험을 쌓게 했다. 인간은 포유동물 중에서 '지능'을 무기로 가장 발달시킨 생물이다.

'지능'을 삶의 무기로 선택한 인류는 살기 위해 배워야 하는 '지식'이 수없이 많다. 예를 들어 소통을 위해 언어를 익혀야 하고 정보를 전달하기 위해 문자를 배워야 한다. 도구 사용법도 배워야 하고 도구 제작법도 터득해야 한다. 어른이 되면 살아가는 데 필요한 기술을 익히지 못한 채 거친 세상으로 나가 홀로서기에 성공해야 한다. 따라서 아기는 '빨리 어른이 되기'보다 '천천히 어른이 되는' 편이 중요하다. 그래서 일부러 발육을 늦춰 바로 어른이 되지 않도록 진화했다.

'빨리 어른이 되어서는 안 돼. 천천히 어른이 되렴.' 그것이 인류의 생존 전략이다. 인간이 '지능'을 무기로 삼기 위해서는 '육아'가 꼭 필요하다. 그러나 천천히 자라는 아이를 긴 세월에 걸쳐 길러내기란 버거운 일이다. 그래서 '일부일처제'를 기초로 자녀를 낳는 '가족'이 발달했고, 집단을 이루어 사냥하거나 집단으로 아이를 키우는 품앗이 육아가 생겨났다. 이렇게 해서 아이를 키우는 '사회'가 만들어졌다.

인간의 '육아' 기간은 점점 길어지는 추세다. 오늘날 인간이 부모 품을 떠나 독립하는 시기는 언제일까? 고등학교를 졸업하거나 대학을 졸업하기까지 대략 20~25년이 걸린다. 이렇게 긴 세월을 육아에 투자하는 생물은 지구상에서 인간밖에 없다.

22.
아이는 어른이 되기 위해 살고 어른은 아이를 만들기 위해 산다!

자신을 위해 미래 세대를 희생하는 생물은 없다.

어린 생물의 역할은 '어른이 되는 것'이라고?

어린 생물의 역할은 '어른이 되는 것'이다. 그렇다면 다 자란 생물, 즉 어른의 역할은 무엇일까? 바로 '후손을 만드는 것'이다. 아이는 어른이 되기 위해 살고, 어른은 아이를 만들기 위해 산다. 그리고 태어난 아이는 다시 어른이 된다는 목표로 살아간다. 우리 인생이 그렇게 단순하다고? 고개를 갸웃거리는 사람도 있으리라.

그렇다. 생물에게는 그게 전부다. 후손을 남기는 게 인생의 전부라고 생각하면 사는 게 너무 허무하게 느껴질 수도 있다. 물론 우리 인생에서 보람을 추구하고 삶의 의미를 고찰하는 것도 좋다. 그러나 생물적 관점에서 보면 그게 전부다. 아이는 어른이 되기 위해 살고, 어른은 아이를 만들기 위해 산다. 조금 더 그럴듯하게 포장하면 아이는 '좋은 어른'이 되기 위해 살고, 어른은 '좋은 아이'를 만들기 위해 산다.

고도로 진화한 포유류에 대입하면 '어른은 아이를 만들고 지키고 키운다'고 할 수 있다. 아무리 잘 포장해도 그게 전부다. 아이는 어른이 되기 위해 살고, 어른은 아이를 만들기 위해 산다. 그리고 그 아이는 다시 어른이 되기 위해 살고, 이윽고 어른이 되어 아이를 만든다. 생명은 그 과정을 한없이 되풀이할 따름이다.

모든 생물은 영원히 지속되는 릴레이 경주에 참여하는 달리기 주자다?!

아이는 어른이 되고, 어른은 아이를 만든다……. 생명은 그렇게 반복된다. 이 순환에 무슨 의미가 있을까?

혹시 마라톤 코스를 완주해본 적 있는가? 42.195킬로미터를 혼자서 달리는 건 쉬운 일이 아니다. 그러나 마라톤 풀코스도 결승점이 있기에 이를 악물고 젖 먹던 힘까지 짜낼 수 있다. 만약 결승점이 없고 영원히 끝나지 않는 경기라면 전력으로 달릴 수 있을까?

그럼, 거리를 줄여보자. 1킬로미터라면 어떨까? 1킬로미터라면 까짓것 달려보자는 생각이 들 수 있다. 거리를 더 줄여 10미터라면 어떨까? 10미터를 달리면 결승점에 다음 주자가 대기하고 있다. 다음 주자가 있는 곳까지만 달려서 배턴을 건네면 그만인 10미터 이어달리기라면 장애물 경주처럼 이런저런 난관이 있어도 뛰어넘어 배턴을 건네줄 수 있다. 그래서 어떻게든 배턴을 건네주려고 최선을 다해 달린다.

이 과정이 생명의 릴레이다. 하나의 생물이 아무 사고 없이 영원한 시간을 살아갈 수는 없다. 그러나 한 세대가 정해진 시간을 살고 다음 세대에게 배턴을 건네주며 다음 세대는 다시 그다음 세대에게 배턴을 넘긴다. 이런 식으로 생명은 배턴을 이어가며 달리고 있다.

아이는 어른이 되고, 어른은 아이를 만들며 쉼 없이 달린다. 그리고 계속 다음 주자의 손에 배턴을 건넨다. 지금, 그 배턴을 건네받은 우리는 미래를 향해 달리고 있다.

인간은 미래 세대를 희생해서 현재를 살아가려는 유일한 생물종

새끼가 홀로 설 준비를 마치면 부모 여우는 이빨을 드러내고 으르렁대며 새끼를 쫓아낸다. 그것이 여우의 사랑법이다. 부모 여우의 유일한 소망은 새끼가 혼자 힘으로 살아갈 수 있도록 성장하는 것이다.

새끼가 돌봐주기를 바라는 부모 여우는 없다. 홀로서기에 나선 새끼 여우는 한 마리의 여우이고, 육아를 마친 부모 여우도 한 마리의 여우일 뿐이다.

모든 생물의 부모는 새끼를 위해 살고 새끼에게 모든 것을 바친다. 반면 새끼는 부모를 위해 살지 않는다.

인간은 자녀가 부모를 돌보는 기묘한 생물이다. 물론 효도는 바람직한 덕목이며, 길러준 부모에게 감사하는 마음은 훌륭하다. 그러나 부모를 위해 자기 인생을 희생하는 것은 생물학적으로 옳지 않다.

부모는 새끼를 위해 가진 것을 아낌없이 내주지만 새끼는 부모에게 갚지 않는다. 배은망덕이 아니다. 자녀가 부모에게서 받은 것을 돌려줘야 할 대상은 부모가 아니라 다음 세대다. 그것이 생명의 릴레이다. 이렇게 다음 세대로, 또 다음 세대로 릴레이처럼 배턴이 이어진다.

모든 생물의 부모는 새끼를 위해 목숨을 바친다. 미래 세대를 희생해서 현재를 살아가려는 생물은 없다. 만약 그런 생물이 있다면 아마 인간뿐일 것이다.

23.
할머니가
인류를 진화시켰다고
말하는 이유는?

어르신 한 명이

돌아가시는 것은

도서관 한 채가

사라지는 것과 같다.

할아버지와 할머니의 존재가 인간이 진화한 비결이라고?

생물에게 어른이란 오직 '아이를 만들기 위한' 존재다. 그래서 많은 생물이 자손을 남기면 수명을 다한다. 매미는 알을 낳으면 마침내 힘이 다해 땅바닥에 떨어진다. 연어는 강을 거슬러 올라오는 장대한 여정 끝에 알을 낳으면 기력이 쇠진해 이윽고 죽음을 맞는다.

육아를 하는 생물은 육아를 위해 수명이 길어졌으나 육아가 끝나면 주어진 생명을 다한다. 그런데 인간은 아이를 만들지 못하는 존재가 되어도 수명이 다하지 않는다. 예컨대 할아버지와 할머니는 자식을 만들 수 없지만 오래 산다.

생물의 세계에서 할아버지와 할머니가 있는 생물은 그다지 많지 않다. 가령 매미는 할머니 매미가 없고, 연어는 할아버지 연어가 없다.

특히 삼대가 함께 사는 생물은 드물다. 장수하는 생물이라 하더라도 삼대가 함께 생활하지는 않는다.

앞에서 살펴보았듯, 부모 품을 떠난 새끼 여우는 마침내 어른이 되어 새끼를 만든다. 그러나 부모 여우와 성장한 새끼 여우는 대등한 성체여서 부자 관계가 없으므로 조부모와 손주의 관계도 없다.

그런데 인간에게는 할아버지와 할머니가 있다. 이 할아버지와 할머니의 존재야말로 인간이 크게 진화한 비결이라고 할 수 있다.

육아를 위해
'가족'과 '사회' 구조를 발달시킨 인간

인간이라는 생물의 세계에서 할아버지와 할머니는 중요한 역할을 맡고 있다.

인간은 다른 생물에 비해 육아에 품이 많이 들고 육아 기간도 무척 길다. 그래서 인간은 육아를 위해 '가족'과 '사회'라는 구조를 발달시켰다. 그리고 이 가족과 사회에서 이루어지는 육아 활동에서 할아버지와 할머니는 중요한 역할을 담당해왔다.

'할머니 가설'이라는 것이 있다. 여성은 어느 정도 나이가 되면 아이를 낳을 수 없다. 그러나 아이를 낳지 못하는 대신 아이를 돌보는 데 전념할 수 있다.

생물은 새끼를 낳더라도 그 새끼가 무사히 성체가 되고 이어서 새끼를 낳지 못하면 생명이 이어지지 않는다. 따라서 낳은 새끼를 무사히 키우는 것이 포유동물에게는 중요하다.

인간도 아이가 점점 성장해 성인이 되고, 성인이 된 여성은 아이를 낳는다. 그러면 나이 든 여성은 할머니가 되어 손주를 돌본다. 이런 식으로 할머니는 육아에서 중요한 역할을 해왔다.

그렇다면 할아버지의 역할은 무엇일까? 손주 키우는 일에 참여하지 않으면 할아버지는 존재 가치가 없다. 물론 아이를 키운다는 것이 직접 돌보는 것만을 의미하지는 않는다. 외부 적으로부터 가족과 집단을 지키고 가족과 집단을 위해 식량을 조달하는 임무도 아이를 키우는 데 매우 중요하다.

이렇게 가족과 사회라는 구조를 발달시킴으로써 인간이라는 생물은 아이를 만들지 못하는 할아버지와 할머니에게까지 역할을 부여했다.

할아버지와 할머니는 '부양해야 할 대상'이 아니라 '지혜를 전수하는 사람'

또한 할아버지와 할머니는 긴 세월에 걸쳐 쌓은 풍부한 경험과 그 경험으로 터득한 지혜가 높다. 인간은 수명이 길어져 자신이 낳은 아이가 어른이 될 때까지 오래 살 수 있다. 그리고 어른이 된 자식에게 어른으로서 지혜와 기술을 전수할 수 있다.

이렇게 인간은 삶의 지혜를 자녀와 손주에게 전하고, 자녀와 손주 세대는 지혜를 거듭 쌓아나간다. 세대를 거치는 동안 지혜를 갱신할 수 있다. 이러한 구조로 인간은 문화를 비약적으로 발달시켰고, 바야흐로 문명을 이룩했다.

"인간이 고도로 발전한 사회를 진화시킨 것은 장수한 할아버지와 할머니 덕분"이라는 주장이 '할머니 가설'의 요지다.

할아버지와 할머니는 아이를 키우는 역할을 맡는다. 따라서 한 사람 몫을 해내는 온전한 성인으로 성장한 자식에게 부모는 '부양해야 할 대상'이 아니라 '지혜를 전수하는 사람'인 것이다.

"어르신 한 명이 돌아가시는 것은 도서관 한 채가 사라지는 것과 같다"라는 말이 있다. 한 인생을 산 사람의 지혜가

전해지지 못하고 이 세상에서 사라진다면 인류에게 얼마나 큰 손실일까.

인류라는 생물종에서 다음 세대를 살아갈 생명을 준 어르신은 다음 세대에 지혜를 전수해주는 존재다. 젊은이들을 앉혀놓고 잔소리를 늘어놓을 필요는 없다. 긴 인생 경험에서 터득한 '삶의 방식'을 본보기로 보여주는 것으로 충분하다.

④ 장

‘잡초는 밟혀도 다시 일어난다’ 라는 말이 어불성설인 까닭은?

24.
식물의 성장 여부를 판단할 때
길이보다 '높이'를
유일한 기준으로 잡는 방식이
왜 문제가 될까?

'풀의 키'는
땅바닥에서
줄기 끝까지를 잰 높이이고,

'풀의 너비'는
땅바닥에서
줄기 끝까지를 잰 길이다.

나팔꽃의 성장을 측정하는 가장 정확한 방법은?

나팔꽃 씨를 뿌린 뒤 매일 물을 주었더니 이윽고 싹이 나고 나팔꽃이 나날이 자라는 상상을 해보자. 정성껏 가꾼 나팔꽃의 성장을 기록으로 남겨두고 싶을 것이다.

매일 그림을 그리거나 사진을 찍는 방법도 있다. 너비를 재는 방법은 어떨까? 덩굴이 매일 얼마나 뻗었는지 잴 수도 잎이 몇 장인지 세는 방법도 있다. 인간의 뇌는 '숫자'로 치환하면 쉽게 이해한다. 또 그래프로 그리면 성장 속도를 눈으로 보며 이해할 수 있다. 오른쪽으로 상향 곡선을 그리는 그래프는 인간의 뇌에 뿌듯함을 안겨준다.

너비를 기록한 그래프를 그릴 경우 '조금만 더 자라면 1미터를 넘기겠다', '성장 속도가 빨라졌다'와 같이 성장 정도를 정확히 파악할 수 있고, '이 상태로 성장하면 언젠가 지붕보다 높아지겠다'라며 미래 성장을 예측할 수도 있다. 비료를 주면 키가 더 커지고, 이웃집 나팔꽃보다 크게 키우겠다고 다짐하며 성장을 관리할 수도 있다.

이렇게 숫자를 사랑하는 인간의 뇌는 성장을 이해하고 관리하고 싶어 한다.

식물의 성장 그래프

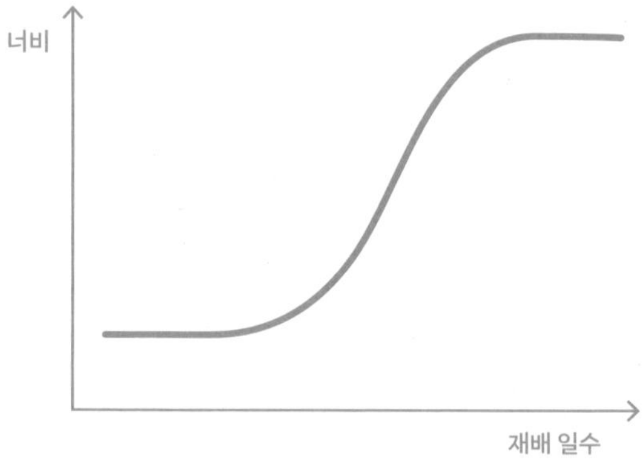

식물의 성장을 재는 두 가지 방법, '초고'와 '초장'

식물의 성장을 측정할 때는 일반적으로 지면에서부터 식물의 높이를 재는 방식을 사용한다. 전문적으로 이 측정 방식을 초고(草高)라고 한다. 그런데 초고를 꾸준히 재다 보면 희한하게 키가 줄어들 때가 있다. 성장하는 동안에는 쑥쑥 자라며 키가 커져야 하는데 키가 줄어든다. 가령 거센 바람이 불어 식물이 휘청이다 기울어지면 어떻게 될까? 초고란 단순히 높이를 재는 것이라서 키가 줄어들었다고밖에 할 수 없다.

그렇다면 식물의 성장을 어떻게 측정해야 바람직할까? '초장(草丈)'이라는 단위도 있다. 전문적으로는 지면에서부터 줄기 끝까지 식물의 길이를 말한다. 줄기의 길이를 잰다면 비스듬하게 기울어도 수치가 줄어들지 않는다.

'초고'의 기준이 전혀 맞지 않는 대표적 식물, 클로버

'초고'는 지면에서 줄기 끝까지의 '높이'를 뜻하고 '초장'은 지면에서 줄기 끝까지의 '길이'를 뜻한다. 위로 곧게 뻗는 식물은 초고와 초장이 같지만, 비스듬하게 자라는 식물은 초고와 초장이 다르다.

그렇다면 옆으로 자라는 식물은 어떨까? 가령 클로버(일명 토끼풀)는 땅 위에서 옆으로 뻗어나간다. 땅바닥 가까이 붙어 옆으로 쭉쭉 뻗어나가 아무리 성장해도 초고는 늘어나지 않는다. 그래서 옆으로 자라는 식물은 높이가 아니라 줄기 길이를 재야 한다.

성장을 측정할 때 '높이'만 기준으로 하는 방식이 합리적이지 않은 이유

식물은 각양각색의 방식으로 성장한다. 반듯하게 위로 자라는 식물만 있는 것이 아니라, 땅 위에서 옆으로 꾸물꾸물 뻗어나가는 식물도 있다. 빛을 찾아 비스듬하게 자라는 식물도 있고 덩굴로 휘감으며 뻗어나가는 식물도 있다. 숲속이나 풀숲에서는 온갖 식물이 서로 관계를 맺으며 어울려서 성장한다. 그래서 식물의 성장을 하나씩 따로 떼어 측정할 수가 없다.

성장은 아무래도 '높이'에 초점을 맞추는 경향이 있다. 예를 들어 나팔꽃 덩굴이 지붕까지 자랐다며 기뻐한다. 그러나 어쩌면 담장에 휘감긴 나팔꽃 덩굴이 더 길 수도 있다.

포도형 클로버. 클로버는 땅 위에서 옆으로 뻗어나간다.

'잡초가 벌써 이만큼 우거졌네. 슬슬 제초 작업을 해야겠군.' 이럴 때는 잡초의 높이를 보고 가늠한다. 지면에서 잡초가 잔디처럼 옆으로 퍼진 것은 그다지 개의치 않는다. 성장은 높이를 기준으로 하는 것이 가장 간단하다.

학교 성적도 경제 성장도 어쩌면 높이로 재는 것일 수 있다. 물론 어쩔 수 없다. 복잡한 성장을 복잡한 채로 측정하는 것은 인간의 뇌로 할 수 없다. 인간은 이해하기 쉽게 성장을 측정하고 싶어 한다.

25.
'잡초는 밟혀도 다시 일어난다'라는 말이 어불성설인 까닭은?

에너지가 있다면

그 에너지로

씨앗을 남겨야 한다.

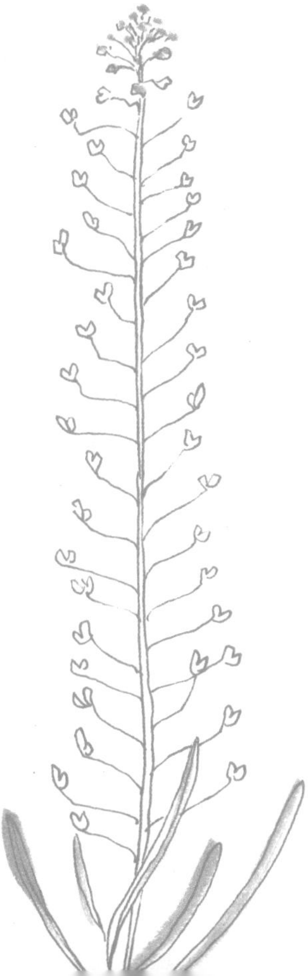

잡초의 정체성, '밟히면 일어나지 않는다'

잡초는 밟히고 또 밟혀도 다시 일어난다고들 말한다. 이 말이 사실일까?

인도나 운동장 등에서 누군가에게 밟힌 잡초를 관찰해보자. 하나같이 땅에 납작 붙어 있다.

사실 밟힌 잡초는 다시 일어나지 않는다. 일어나봤자 어차피 다시 밟힐 테니, 일어나려고 안간힘을 쓰지 않는다.

밟히면 다시 일어나지 않는 잡초도 있고, 어차피 밟힐 테니 처음부터 위로 자라지 않는 잡초도 있다. '밟히면 일어나지 않는다'는 것이 잡초가 가진 정체성이다.

그런데 어딘가 짠하다는 생각도 든다. 실망스럽기도 하다. 하지만 정말로 짠하고 실망스러운 일일까? 왜 다시 일어나야 한단 말인가?

밟힌 잡초에 '일어나기'보다 더 중요한 일은 '꽃피우기'

그렇다면 식물에 중요한 것은 무엇인가? 바로 꽃을 피우고 씨앗을 남기는 것이다. 그렇다면 밟혔을 때 일어나는 것은 상당히 불필요한 에너지 낭비다. 쓸데없는 데 힘을 쓰기보다 밟히더라도 꽃을 피우는 데 에너지를 쓰는 게 합리적이다. 다시 일어날 에너지가 있다면 그 에너지로 씨앗을 남겨야 한다. 그래서 밟힌 잡초는 일어나지 않는다.

밟히면 다시 일어나야 한다는 것은 인간의 관점이다. 식물은 빛을 따라 위로 자란다. 그러나 위로 자라야 한다는 생각도 선입견이다. 밟히는 장소에서까지 위로 자랄 필요는 없다. 모난 돌이 정 맞는다고, 고개를 꼿꼿이 드는 잡초는 밟힐 테니 말이다. 주위에 위로 자라는 식물이 없다면 땅바닥에 납작 엎드려 있어도 충분히 빛을 받을 수 있다.

밟히고 또 밟혀도 꿋꿋하게 다시 일어나는 질긴 삶의 방식도 나쁘지 않지만 꽃을 피울 수 없다면 아무 소용 없다. 에너지를 중요한 곳에 써야 한다. 노력은 중요한 때를 위해 아껴둬야 한다. '중요한 것을 간과하지 않는 것'이야말로 잡초의 진정한 정체성이다.

26.
매일 물 주며 가꾸는 채소는 쉽게 죽는데, 물도 주지 않고 돌보지 않는 잡초는 왜 잘 자랄까?

물도 주지 않는데 잡초는 어떻게 푸릇푸릇 자랄까?

전혀 성장하지 않는 것처럼 보이는 겨울에 뿌리 성장에 집중하는 식물의 지혜

가령 발에 잘 밟히는 장소에서 잡초는 위로 자라지 않고 옆으로 뻗어나간다. 그러나 크기가 달라지지 않는 것처럼 보일 때가 있다.

겨울에는 식물이 성장하지 않는 것처럼 보인다. 나무는 잎을 떨구고 마치 말라 죽은 것처럼 보이며, 풀도 추위 속에서 얼어붙어 자라지 않는 것처럼 보인다.

그렇다면 이 시기에 식물은 성장을 멈춘 걸까? 성장을 포기한 걸까?

식물은 성장을 멈추지도 포기하지도 않는다. 밟히거나 추위에 시달리거나 성장하는 데 적합하지 않은 시기에도 식물은 눈에 보이지 않지만 성장하고 있다. 위로 자랄 수도 없고 옆으로 뻗어나갈 수도 없다면 아래로 내려가면 된다. 그래서 뿌리를 뻗는다.

뿌리는 식물의 성장에서 가장 중요한 부분이다. 뿌리는 식물의 몸통을 지탱하는 버팀목이어서 물과 양분 등 성장에 필요한 요소를 흡수한다. 그렇다면 뿌리는 어떤 순간에 뻗어나갈까?

상태가 좋을 때 식물은 줄기를 뻗거나 잎을 무성하게 하는 쪽으로 더 많은 힘을 쓴다. 그러나 줄기를 뻗을 수 없거나 잎을 무성하게 피울 수 없으면 은근하게 뿌리로 힘을 쏟아 점점 아래로 뻗어나간다.

잡초가 땡볕에서도 싱싱함을 유지하는 비결은 뿌리를 뻗는 방법이 다르기 때문이다?

물을 주며 정성껏 가꾸는 채소는 여름 땡볕에서 말라가는데, 왜 물을 주지 않는 잡초는 푸르고 싱싱하게 자랄까?

그 비밀은 뿌리를 뻗는 방법이 다르기 때문이다. 매일 물을 공급받는 채소는 뿌리를 부지런히 뻗지 않아도 충분히 자랄 수 있다. 그러나 잡초는 아무도 물을 주지 않기 때문에 물을 찾아 스스로 쭉쭉 뿌리를 뻗어나간다. 이 실팍한 뿌리가 땡볕에서도 힘을 발휘하는 것이다.

식물은 힘들고 괴로울 때 묵묵히 뿌리를 뻗는다. 그 뿌리가 바로 식물이 간직한 힘이다.

땅 밑으로 뻗어나가는 식물의 뿌리는 우리 눈에 보이지 않는다.

우리는 식물의 줄기가 자라거나 꽃을 피우면 흐뭇하게 함박웃음을 지으며 기뻐하지만, 뿌리가 자랐다고 기뻐하지는 않는다.

뿌리의 성장은 이처럼 누구도 알아주지 않는 혼자만의 싸움이다.

중요한 성장은 눈에 보이지 않는다?!

뿌리가 중요하다는 것은 누구나 알고 있다.

인간의 성장도 식물과 마찬가지여서 몸의 성장은 눈에 보이지만 마음의 성장은 보이지 않는다.

아이가 초등학교를 졸업하고 중학생이 되면 하루가 다르게 쑥쑥 자라 성장하는 것이 눈에 보인다. 그러나 마음가짐은 어제와 크게 달라져도 눈에 보이지 않는다.

성장 방식은 천차만별이다. 위로 자라는 성장이 있는가

하면, 아래로 자라는 성장도 있다. 눈에 보이는 성장이 있는가 하면, 눈에 보이지 않는 성장도 있다.

중요한 성장은 눈에 보이지 않는다. 따라서 아무리 보이지 않고 위로 자라지 못해도, 성장을 포기해서는 안 된다.

27.
잘라주면 오히려
튼튼하게 자라 많은 꽃을 피우고
튼실한 열매를 맺는 식물의 이치는?

밭에서 자라는 잡초 중에는

마디부터 뿌리를 뻗는 풀이 많다.

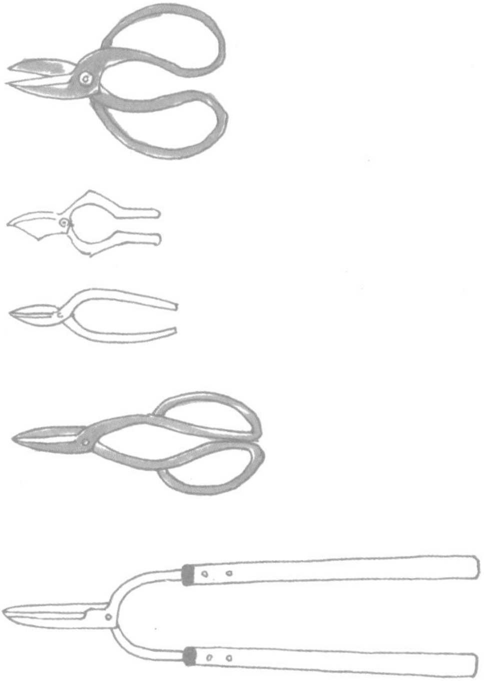

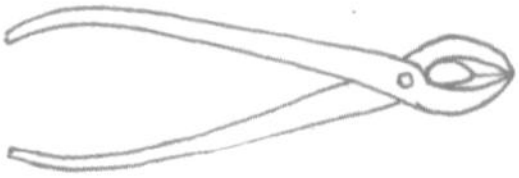

잘라주면 오히려 튼튼하게 자라 수많은 꽃을 피우고 튼실한 열매를 맺는 식물

식물은 줄기를 똑바로 뻗는다. 그런데 채소와 꽃을 재배하다 보면 쭉 뻗은 줄기를 일부러 잘라버릴 때가 있다. 왜 기껏 자란 줄기를 자르는 걸까? 줄기 끝을 자르는 작업을 '적심(head cuttings)'이라고 한다.

줄기 끝을 자르면 그 줄기는 성장을 멈춘다. 그러나 뎅겅 잘린 부분 아래에서 곁눈이 나와 새로운 가지와 잎이 무성하게 자란다.

식물은 줄기를 잘라주면 오히려 튼튼하게 자라, 수많은 꽃을 피우고 튼실한 열매를 맺는다. 그래서 일부러 줄기를 잘라준다. 순조롭게 자라는 것만이 최선은 아니다. 한 번 부러졌다가 성장하는 과정은 절대 나쁜 것이 아니다. 물론 모처럼 뻗은 줄기가 꺾이면 안타깝지만, 새로운 눈을 틔우는 계기가 될 수 있다.

식물은 새로운 눈을 틔우기 위해서는 묵은 줄기를 잘라내는 결단이 필요함을 알게 한다.

성장이 멈추었을 때 힘을 발휘하는 식물의 '마디'

식물은 잘라도 잘라도 새로운 싹을 틔우고 새로운 잎과 줄기를 무성하게 피운다. 이 강인함의 비결은 어디에 있을까? 식물은 줄기를 뻗으면 마디를 만들고, 그 마디에 잎과 곁눈을 만든다. 그리고 또 줄기를 뻗어 다음 마디를 만든다. 식물은 이 과정을 반복하며 성장한다.

줄기가 뎅겅 부러져 성장이 막다른 상황에 다다랐을 때, 이 '마디'는 새로운 성장의 거점이 되어 싹을 틔운다. 식물 중에는 이 마디에서 뿌리를 뻗는 종류도 있다. 가령 옆으로 자라는 잡초는 이 마디에서 뿌리가 나와 땅으로 뻗고 다시 줄기가 자란다. 그리고 마디를 거점으로 삼아 새로운 싹을 틔운다.

밭에서 자라는 잡초 중에는 마디에서부터 뿌리를 뻗는 능력을 지닌 풀이 많다. 밭을 갈거나 김을 맬 때 줄기가 부러져도 그 마디 하나하나에서 뿌리가 나와 재생한다. 마디에서 재생할 수 있는 잡초는 밭을 갈아엎는 쟁기나 풀을 베는 낫이 두렵지 않다.

줄기가 짓이겨질수록 잡초는 재생하면서 수를 불려나간다. 빠르게 성장한다는 속도 면에서 보면 마디 만들기는 식물의 성장 단계에서 한 박자 쉬어가는 휴지기로 볼 수 있다. 그런데도 식물은 마디를 만든다.

식물 세계에서는 다른 식물보다 빨리 뻗어나가는 식물이 경쟁에서 승리해 빛을 쬘 수 있다. 빠른 성장은 식물에 중요하다. 마디를 만들지 않고 일단 줄기를 뻗는 방식이 더 유리하다. 그런데도 식물은 굳이 마디를 만든다. 성장이 멈추었을 때 마디가 힘을 발휘한다는 것을 알고 있기 때문이다.

'인생의 굴곡진 마디', '계절이 바뀌는 환절기'라는 말처럼 우리의 인생에도 마디가 있다. 마디를 만드는 방식이 속도를 중시하는 사회에서는 불필요하게 느껴질 수도 있다. 혼자만 뒤처지는 것처럼 여겨지기 때문이다. 그러나 식물 세계에서 알 수 있듯, 뚜렷한 마디는 더욱 확실한 성장의 밑거름이 된다.

28.
나무 세포의 성장에 끝이 있음에도 나무가 천 년을 살며 아름드리 거목으로 자라는 이유는?

나무둥치 가장 바깥쪽에 있는 세포만 살아 있다.

생물의 성장이 일직선이 아니라 'S자' 형을 이루는 이유

생물의 성장은 일직선으로 진행되지 않고 S자 곡선을 그리는 것으로 알려져 있다. 초반에는 성장 속도가 완만하다가 어느 순간 단숨에 성장한다. 이윽고 충분히 커지면 다시 성장이 완만해지다가 마침내 성장을 멈춘다. 이것이 생물이 성장하는 패턴이다.

생물에는 '성장하는 시기'가 있다. 성장기에는 눈에 띄게 부쩍 성장한다. 인간도 어릴 때는 키가 고만고만하다가 초등학생쯤 되면 갑자기 자라기 시작한다. 그리고 중학생에서 고등학생을 거치는 동안 부쩍 자란다. 그러다가 차츰 완만해진 뒤 마침내 성장을 멈춘다. 어른이 되면 키는 더 이상 자라지 않는다.

생물에는 성장 시기가 있다. 이 시기에는 몸만 성장하는 것이 아니다. 무언가 배우려고 열심히 연습하다 보면 어느 날 갑자기 실력이 쑥 늘어난 것을 발견할 때가 있다. 줄곧 노력한 덕분에 마침내 꽃을 피워 일취월장하는 것이다.

천 년을 사는 나무는 천 년 동안 계속 성장할까?

성장은 S자 곡선을 그린다. 괄목할 만한 성장을 하다가 완만해진 뒤 마침내 성장을 멈춘다. 안타깝게도 성장에는 끝이 있다. 상향 곡선을 그리며 계속 성장하는 것처럼 보여도 성장 기간이 길 뿐이다. 혹은 성장 자체가 완만해서 천천히 성장하는 중일 수도 있다. 어느 쪽이든 S자 곡선은 마지막을 맞이하게 된다. 영원히 성장할 수는 없다.

그런데 천 년을 사는 나무도 있다. 수령이 천 년인 나무는 아름드리 거목이 된다. 그렇다면 천 년 동안 계속 성장할까? 천 년을 사는 나무도 성장에 끝이 있을까? 당연히 천 년을 사는 나무의 성장도 S자 곡선을 그린다.

나무는 살아 있는 세포와 죽은 세포로 이루어져 있다. 나무는 나이를 먹을수록 커진다. 그런데 나무줄기 속 세포 중 가장 바깥쪽 세포만 살아 있고 안쪽 세포는 모두 죽어 있다.

거목의 줄기에 커다란 구멍이 뚫려도 나무는 말라 죽지 않는다. 나무줄기 대부분이 죽은 세포이기 때문이다. 나무의 세포는 성장하면서 죽어간다. 그리고 새로 만들어진 세포가 다시 성장한다. 이렇게 나무는 밖으로 밖으로 퍼져나간다.

나무 세포의 성장에는 끝이 있다. 그러나 새로운 세포가 다시 성장한다. 이처럼 성장과 죽음을 반복하는 S자 곡선을 그리며 나무는 아름드리 거목으로 자란다. 생물이 성장을 멈추지 않는 방법은 S자 곡선을 되풀이하며 성장을 반복하는 것이다.

생물의 성장 그래프

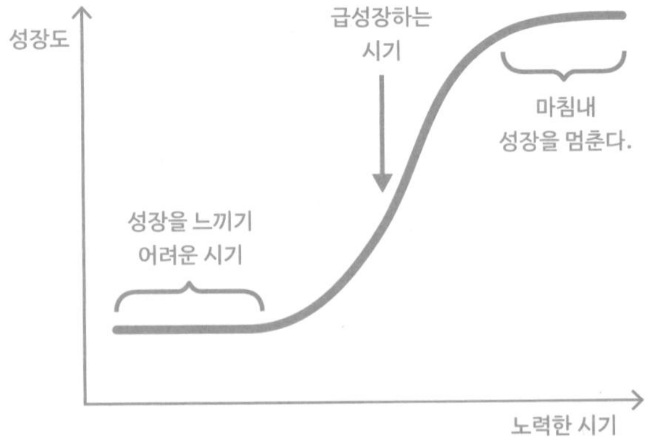

29.
벼에 이삭이 나와 더 자라지 않는 것처럼 보여도 성장을 멈춘 것이 아닌 까닭은?

'질적 변화'라는 말에는 성장도 포함된다.

높이 무성하게 자랐으나 꽃이 피지 않은 A 식물과 키가 작지만 많은 꽃이 핀 B 식물 중 더 성장한 식물은?

같은 종류의 식물 A와 B 중 어느 쪽이 더 많이 성장했는지 생각해보자. A 식물은 높이 무성하게 자랐으나 아직 꽃이 피지 않았다. B 식물은 키가 크지 않지만 수많은 꽃이 피었다. 그렇다면 A와 B 중 어느 쪽이 더 성장한 걸까?

높이를 보면 A가 더 성장했다. 키가 작달막한 B는 충분히 성장하지 않았다. '높이'를 기준으로 한다면 성장을 자로 측정할 수 있다. 그런데 A는 잎이 무성하게 자랐지만 꽃이 피지 않았다. 그리고 B는 A보다 작지만 탐스러운 꽃이 피었다. 식물은 씨앗에서 싹이 트고 줄기를 뻗고 꽃이 피고 씨앗이 생긴다. 식물의 성장 단계를 기준으로 보면 B가 명백히 더 성장했다.

성장이란 그저 '숫자가 늘어나는 현상'이 아니다. '질적 변화'라는 말에도 성장이 포함된다. 그리고 생물은 질적 변화가 훨씬 중요할 때가 많다.

우리는 숫자로 나타낼 수 있는 '높이'를 훨씬 쉽게 느낄 수 있어 자로 식물의 키를 재려고 한다. 그리고 키를 키우기 위해 비료를 듬뿍 준다. 비료를 듬뿍 주면 키는 자라지만 꽃이 피지 않는다. 식물이 줄기를 뻗고 잎을 무성하게 만드는 데 집중하느라 꽃 피우기를 깜빡 잊기 때문이다.

급기야 꽃도 피지 않고 시들어버린다. 이런 경우에도 '성장'이라고 할 수 있을까?

가로로 자라는 성장, '분얼' vs.
세로로 자라는 성장, '절간신장'

벼의 성장을 살펴보자. 벼는 논에서 키운다. 모판에 볍씨를 뿌려 못자리에서 키운 뒤 논에 옮겨 심는 모내기 과정을 거치면 마침내 모는 줄기 수를 늘리기 시작한다. 이를 '분얼' 또는 '포기벌기'라고 한다.

벼는 씩씩하게 포기를 나누어나간다. 그러다가 이윽고 속도가 눈에 띄게 느려지는 순간이 오며, 마침내 더는 분얼이 일어나지 않는다. 분얼이 멈출 뿐 아니라 늘어난 줄기가 차례로 시들어 줄기의 수가 줄어든다. 벼의 성장이 멈춘 것일까? 더는 성장하지 않을까?

벼는 성장을 멈춘 것이 아니다. 포기 수 증가를 멈춘 벼는 다음 성장을 시작한다. 포기가 늘어나는 동안 벼는 잎을 무성하게 키울 뿐 줄기를 뻗지 않는다. 분얼을 멈춘 뒤에야 줄기를 뻗는다. 이것을 '절간신장(節間伸長, internode elongation)'이라고 한다. 분얼은 가로로 자라는 성장인 반면,

벼의 성장 이미지

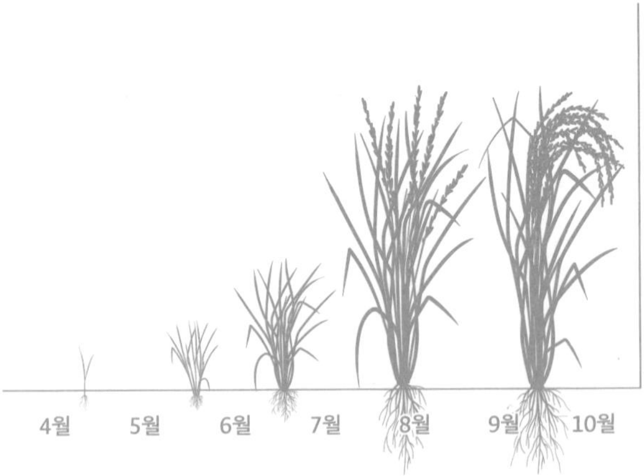

절간신장은 세로로 쭉쭉 자라는 것을 말한다. 줄기도 어느 정도 자라면 성장 속도가 둔해진다. 그렇다면 마침내 벼의 성장이 끝난 걸까? 벼의 성장은 아직도 끝나지 않았다. 줄기를 다 뻗은 벼의 줄기 끝에서 이삭이 나온다. 그리고 꽃이 핀 뒤 쌀알이 영근다.

이처럼 벼의 성장은 단순한 단계로 구성된다. 첫 단계에서는 분얼이 일어나 가로 방향으로 자란다. 두 번째 단계에서는 세로 방향으로 자란다. 줄기가 위로 뻗을 때는 분얼이 일어나지 않는다. 세 번째 단계에서는 이삭이 나오고 꽃이 피며 쌀알이 영근다. 쌀알이 영글 때가 되면 분얼도 일어나지 않고 줄기도 자라지 않아 포기 수나 줄기 길이에 큰 변화가 없다.

벼는 이삭이 나오면 더 이상 성장하지 않을까? 아니면 계속 성장할까?

30.
생물의 세계에서도
성숙이 빠진 성장이
공허한 이유는 뭘까?

벼가 평년보다 높이 자라는 것은 발버둥 치며 괴로워하는 모습이다.

일조량이 적고 기온이 낮은 날이 많으면 벼의 키가 더 커지는 까닭은?

옛날에 벼의 성장이 유난히 좋은 해가 있었다. 논에 자란 벼의 키가 평년보다 훤칠하게 컸다. 마을 사람들은 분명 풍년이 들 거라고 기대하며 풍년가까지 지어 잔치를 열며 기뻐했다. 그런데 가을이 되자 상황이 달라졌다. 어찌 된 일인지 벼 이삭이 거의 영글지 않고 쭉정이만 많았다. 왜 이런 일이 벌어졌을까?

사실 그해는 일조량이 적고 기온이 낮은 날이 많았다. 심지어 냉해 조짐까지 있었다. 그러자 논의 벼는 빛을 찾아 위로 또 위로 곧추 자라났다. 평년보다 벼의 키가 커진 것은 빛을 찾아 발버둥 치며 괴로워한 결과물이었던 것이다. 그러나 사람들의 눈에는 벼의 괴로움이 보이지 않고 그저 키가 훌쩍 커진 것만 들어와 평년보다 벼가 잘 자랐다며 기뻐했다.

벼의 성장에 중요한 것은 무엇일까?

벼의 키는 중요하지 않다. 아무리 키가 커도 쌀이 영글지 않으면 아무짝에도 쓸모없다. 참된 성장은 눈에 보이지 않는다. 그러나 마을 사람들은 눈에 보이는 성장에만 주목했다.

생물이 어른이 되는 과정에
성장 못지않게 '성숙'이 중요한 이유는?

벼는 이삭이 나오면 쌀이 영근다. 줄기와 잎은 누렇게 시들고, 벼 이삭은 더 성장하지 않고 누렇게 말라간다.

그렇다면 벼를 더 크게 키울 방법은 없을까? 비료를 듬뿍 주면 벼는 잎과 줄기가 무성해진다. 비료를 너무 많이 준 논에서는 가을이 되어도 벼가 푸릇푸릇하다. 누렇게 변해야 하는데 잎이 무성하다. 가을에도 푸릇푸릇한 벼를 보고 기뻐해야 할까? 잎이 아무리 무성해도 쌀을 수확하지 못하는 벼는 소용없다.

누렇게 말라가는 벼는 무성한 잎을 피우지 않는다. 그 대신 쌀알이 영글기 시작하고 점점 더 영글면 벼는 고개를 숙인다. 이것은 '성장'이 아닐까? 잎이 무성하고 키가 훤칠한 벼는 아무리 몸집이 커져도 '미숙'하다. 성장하지 않았기 때문이다.

성장이란 몸집이 커지는 현상만을 말하는 게 아니다. 성장에는 단계가 있어, 식물은 다음 단계로 나아간다. 이윽고 분열을 멈추고 줄기의 성장도 멈추면 시들어간다. 이것이 '성숙'이다. 벼는 성숙하는 것이다. 그래서 가을에 황금빛 물결이 일렁이는 논은 아름답다.

벼와 사람뿐 아니라 경제와 사회도 성장한다고 말한다. 성장을 수치로 표현하기에 급급해 수치가 상향 곡선을 그리면 사람들은 그저 기뻐한다. 그리고 성장이 영원히 이어지기를 염원한다. 계속 성장하라고 조바심을 내며 안달복달한다. 그러나 성장을 멈추지 않는 게 과연 바람직할까? 생물의 세계를 살펴보면 생물은 성숙을 목표로 성장한다. 참된 아름다움은 성숙한 모습이다.

⑤
장

생물의 성장에 '노력'이 필요하지 않은 이유는?

31.
생물의 성장에 '노력'이 필요하지 않은 이유는?

뇌는 가끔 판단을 그르친다는
결점이 있다.

식물을 성장시키는 비타민, 물

식물은 씨앗을 뿌리고 물을 주면 이윽고 싹을 틔운다. 싹에 물을 주면 쑥쑥 자란다. '물'에는 식물을 성장시키는 비타민이라도 들어 있는 걸까?

식물이 자라기 위해서는 물이 필요하지만, 물이 성장시키는 힘을 가진 것은 아니다. 식물은 스스로 자라는 힘을 가지고 있다.

식물은 '안간힘을 짜내 싹을 틔우자'거나 '노력해서 성장하자'고 생각하지 않는다. 그런데도 자란다.

'성장'이란 그런 것이다. 식물은 본디 '성장하는 힘'을 가지고 있다.

식물에는 '노력'에 대해 생각하는 뇌가 없다고 생각할 수도 있다. 그렇다면 지능이 발달한 인간은 어떨까?

생물의 성장에 '노력'은 필요하지 않다고?

갓 태어난 아기는 쿨쿨 잠만 자다가 차츰 목을 가누고 조금 더 지나면 뒤집기를 시작한다. 누군가 "아가야, 슬슬 뒤집기를 해야지"라고 귀띔하거나 억지로 시키지 않아도 아기 스스로 버둥거리며 뒤집기 연습을 시작한다.

온몸에 힘을 주고 발갛게 달아오른 얼굴로 뒤집기 연습을 하는 아기를 보면 어른들은 "아가야, 힘내! 조금만 더!"라고 소리치며 응원한다. 그러나 아기는 노력하는 중이 아니라 뒤집고 싶어서 뒤집을 뿐이다. 뒤집지 않고는 못 배길 따름이다.

이윽고 아기는 배밀이를 시작하고 엉금엉금 긴다. 누가 명령해서 하는 일이 아니다. 엉금엉금 기고 싶어서 길 뿐이다. 엉금엉금 긴 다음에는 무언가 잡고 일어나는 '잡고 서기'에 도전한다. 잡고 서기에 성공하면 아장아장 걸음마를 시작한다. 하지만 이 단계에서도 아기는 노력하지 않는다. 아장아장 걸어야 한다고 결심하는 것이 아니라 그저 아장아장 걷고 싶어서 걸을 따름이다. 그러다 보면 혼자서 걸을 수 있게 된다.

시기가 오면 하고 싶어진다. 시기가 오면 할 수 있게 된다. 그것이 '성장'이다. 성장에 노력은 필요하지 않다.

어른도 성장하는 힘을 지니고 있다?

성장은 노력해서 되는 것이 아니라 자연스럽게 이루어지는 것이다. 생물은 '성장력'을 지니고 있다.

아이는 몸집이 커지고, 젖니를 영구치로 이갈이하고, 점점 어른스러운 몸으로 변하며 눈에 보이게 성장한다. 그러나 어른이 되면 몸이 더는 커지지 않는다. 이갈이도 하지 않는다. 하지만 몸이 커지는 것만이 성장은 아니다.

벼는 포기를 나누는 분얼이라는 성장 단계를 거친 뒤 이삭을 뻗는다. 그리고 이삭을 뻗은 후 쌀이 영그는 성장에 들어간다. 성장의 형태는 달라도 쌀이 알알이 영글 때까지 벼는 계속 성장한다.

인간도 마찬가지다. 어른이 되고 나서도 할 수 없는 일이 있어 속상할 때가 있다. 남과 비교해 못난 자신이 한심하게 느껴질 때도 있다. 자신을 혐오하기도 한다. 그런 마음 모두 성장하고 싶다는 증거다. 어른도 '성장하는 힘'을 가지고 있다. 다만 인간은 뇌가 발달한 생물이라서 무엇이든 뇌로 생각하려는 경향이 있다. 그리고 그 뇌는 이따금 판단을 그르친다는 결점이 있다. 특히 어른은 뇌에 너무 의존하려 한다.

벼는 분얼할 때 이삭을 드리우지 않는다. 아무리 이삭을 드리우고 싶어도 이삭이 자라지 않으면 어쩔 수 없다. 그러나 시기가 오면 이삭을 드리우고 영근 벼는 고개를 숙인다. 성장이란 그런 것이다.

자신의 '성장하는 힘'에 시선을 집중하고 '성장하고 싶다'는 목소리에 귀를 기울여보자. 마음 깊은 곳에서 솟아나는 즐거운 '호기심'과 마음 깊은 곳에서 우러나 하고 싶은 일을 찾아내 '도전'하고 '향상심'을 끌어내는 것이 지금 단계에서 발휘할 수 있는 성장하는 힘 아닐까.

32.
'벼농사를 짓는다'라는 말이 명백히 틀린 표현인 까닭은?

‘콩 심은 데 콩 나고

팥 심은 데 팥 난다’라는 말이 있다.

오이 덩굴에 오이가 열리면 그만이지
가지가 열릴 필요는 없다?!

생물은 성장하는 힘을 지니고 있다. 그리고 성장하는 모습이 정해져 있다. 그래서 '콩 심은 데 콩 나고 팥 심은 데 팥 난다'라는 속담이 있는 것이다.

잘 쓰지는 않지만 '오이 덩굴에 오이 열리고 가지 나무에 가지 열린다'라는 말이 있다. 옛날에는 가지가 고급 채소였다. 오이처럼 흔한 채소 덩굴에 고급스러운 가지가 열리지 않듯, 평범한 부모에게서는 우수한 자식이 생기지 않는다는 '부전자전'의 의미로 쓰였다.

아무리 노력해도 오이 덩굴에 가지가 열리지는 않는다. 그런데 그게 무엇이 문제일까? 오이는 오이로서 덩굴을 뻗어 자라면 그만이다. 오이 묘목을 가지 묘목처럼 기른다고 훌륭한 오이 열매를 맺을 수는 없다. 오이는 오이로, 오이답게 키우는 것이 바람직하다.

애초에 오이가 열등하고 가지가 우수하다고 누가 정했단 말인가?

대지를 박차고 뛰어다니는 타조는 하늘을 날 수 없다고 한탄하지 않는다

안데르센의 동화 『미운 오리 새끼』를 보자. 어미 오리가 알을 품었더니 노랗고 앙증맞은 새끼 오리가 태어났다. 그런데 한 마리만 몸집이 크고 회색이었다. 겉모습이 다른 오리 새끼는 모두에게 따돌림을 당했다.

어디서나 괴롭힘을 당하고 무리에 섞이지 못하는 새끼 오리는 속상해하며 겨울을 보냈다. 그런데 칙칙한 회색 털을 가졌던 새끼 오리는 성장한 뒤에 보니 아름다운 백조였다.

누구나 부러워하는 아름다운 백조조차 오리 무리에 섞여 미운 오리 취급을 받으면 비참할 수밖에 없다. 백조는 백조로 자라야 비로소 힘을 발휘할 수 있다.

생물에는 성장하는 힘이 있다. 생물은 처음부터 꼴을 갖추고 있지 않다. 대지를 박차고 뛰어다니는 타조가 하늘을

날 수 없다고 한탄한다면 못난 새가 되어버린다. 물속에서 자유자재로 헤엄치는 펭귄이 하늘을 나는 새들을 부러워하면 자기 속만 상할 뿐이다.

성장에는 형태가 있다. 백조 새끼는 자신이 백조가 되는 존재임을 발견해야 한다. 성장의 모습을 찾아내는 자아 성찰이 중요하다.

벼 성장의 주체는 인간이 아니라 벼 자신이다

모를 논에서 키워 쌀을 수확하는 과정을 흔히 '벼농사를 짓는다'라고 한다. 그러나 옛날 사람들은 논에서 '쌀을 거둬들인다'라고 했다. 벼는 인간이 키울 수 있는 게 아니라 스스로 자라는 것이다.

벼는 스스로 자라는 힘을 가지고 있다. 스스로 대지에 뿌리를 내리고 잎을 펼쳐 햇볕을 받고 이삭을 드리우면 쌀이 영근다. 벼를 키우는 것은 인간이 아니다. 벼는 햇볕과 물의 힘, 땅의 힘이 키운다.

옛사람들은 쌀을 자연이 베푼 은혜라고 믿었다. 그래서 쌀은 '키우는 게' 아니라 '거두는 것'이라고 믿었다. 그런데 비료와 농약 등의 기술이 발달하고 인간이 성장을 조절하면서 '벼농사'라는 말을 사용하게 되었다.

그렇다고 벼의 성장이 옛날과 크게 달라진 것은 아니다. 아무리 인간이 통제한다고 해도 인간이 할 수 있는 일에는 한계가 있다. 여전히 성장의 주체는 벼 자신이다.

벼를 키우는 것은 사람이 아니라 태양과 물과 흙이다

옛사람들은 '벼농사를 짓는다'라는 표현을 사용하지 않았다고 말하면, 사람들은 이해할 수 없다는 표정을 짓는다. 옛사람들은 '벼농사를 짓는다' 대신 '논을 만든다'라고 에둘러 표현했다.

자갈이 많은 척박한 땅을 갈지 않으면 벼는 뿌리를 내릴 수 없다. 논에 물을 대지 않으면 벼는 자랄 수 없다. 김매기를 하지 않으면 잡초가 벼의 성장을 방해한다.

인간이 손을 보태기는 하지만, 성장의 주체는 벼다. 벼를 키우는 것은 태양과 물과 흙이다. 옛사람들은 벼가 건강하게 성장할 수 있도록 손을 보탰을 뿐이다. '인간이 할 수 있는 일은 환경을 다듬는 정도'라고 성장의 본질을 이해하고 있었던 것이다. 그러니 '벼농사를 짓는다'라는 말은 얼마나 뻔뻔한가.

흔히 '육아'라고 말하지만, 아이는 키우는 게 아니라 자라는 것이다. 어른이 할 수 있는 일은 그저 아이가 자랄 수 있는 환경을 만들어주는 것뿐이다.